四川省健
健康管

U0616070

良"食"益友

食品安全与营养知识那些事儿

李晓辉　主编

食品安全与营养是人类维持生命、
保证健康的重要条件

四川科学技术出版社

图书在版编目（CIP）数据

良"食"益友：食品安全与营养知识那些事儿 /
李晓辉主编. -- 成都：四川科学技术出版社，2025.1.
（健康管理智慧丛书）. -- ISBN 978-7-5727-1723-9

Ⅰ. TS201.6；R151.3

中国国家版本馆CIP数据核字第2025NL4076号

健康管理智慧丛书

良"食"益友 食品安全与营养知识那些事儿

JIANKANG GUANLI ZHIHUI CONGSHU

LIANG "SHI" YIYOU SHIPIN ANQUAN YU YINGYANG ZHISHI NAXIE SHIR

主　编　李晓辉

出 品 人　程佳月
策划组稿　罗小燕
责任编辑　夏菲菲
责任出版　欧晓春
出版发行　四川科学技术出版社
地　　址　四川省成都市锦江区三色路238号新华之星A座
　　　　　传真：028-86361756　邮政编码：610023
成品尺寸　170mm×240mm
印　　张　8.75　　字　数　175千
制　　作　成都华桐美术设计有限公司
印　　刷　成都锦瑞印刷有限责任公司
版　　次　2025年1月第1版
印　　次　2025年1月第1次印刷
定　　价　48.00元
ISBN 978-7-5727-1723-9

《健康管理智慧丛书》专家指导委员会

（按照姓氏笔画排序）

丁群芳　马用信　王　红　王　琦　王佑娟　邓　颖　吕晓华

李宁秀　杨　沛　杨　枫　肖　雪　吴锦晖　余　茜　宋伟正

张立实　林　宁　林云锋　周茹英　郎桂荣　胡　雯　胡秀英

姜俊成　夏丽娜　钱丹凝　徐　辉　徐世军　唐义平　黄　薇

梁开如　曾凯宏　路　遥　廖明松　魏咏兰

《健康管理智慧丛书》编委会

主　编　周黎明　张建新　饶　华　程佳月　唐礼华

副主编　卢　雄　唐怀蓉　林佳馥　肖　伊　葛　建　李晓辉

编　委（按照姓氏笔画排序）

万　洋　文乐斌　方爱平　田　野　刘　娟　杨　波

杨　锐　杨　潇　沈　睿　宋戈扬　张时鸿　陈锦瑶

林　书　罗　莹　罗碧霞　周文霞　周鼎伦　赵　勇

徐金龙　高　博　高秀峰　唐　奇　董丽群　曾忠仪

鄢孟君　廖金凤

秘书组（按照姓氏笔画排序）

王雯悦　杨　霞　杨晓宇　武　柯　赵　成　曾　丹

谢思澜

本书编委会

主　　编　李晓辉

副 主 编　王文靖　冯　敏　王　瑶

编　　委（排名不分先后）

何志凡　胡金宇　李永盛　李　静

伏　星　张长宏　陈奇言　何大学

车鑫垚　杜慧兰　普诗涵　雷若艺

欧志梅

插　　图　李　媛　秦祉琦　吕　毅　伍　霞

吴世康

《健康管理智慧丛书》
——— 总序 ———

锦绣华年，时代变迁，人们对健康的关注日益深刻。建设健康中国，是大家共同的心愿和期待，也是我们引领未来发展的使命所在。

人民至上，生命至上。习近平总书记十分关心卫生与健康事业，亲自谋划、亲自推动健康中国建设，把人民健康放在优先发展的战略地位，全方位、全周期保障人民健康，全力为实现中华民族伟大复兴的中国梦奠定坚实的健康基石。《健康中国行动（2019—2030年）》提出，促进以治病为中心向以人民健康为中心转变，鼓励全社会共同参与，提升全民健康素养和普及健康生活方式。个体的健康状况与社会稳定繁荣息息相关，因此，每个人都应该成为自己健康的第一责任人。

健康管理是实现以治病为中心向以人民健康为中心转变的重要策略之一。

为了推动四川省健康管理专业及科普出版朝着高质量、品牌化方向发展，同时响应健康中国战略，四川省健康管理师协会与四川科学技术出版社携手推出《健康管理智慧丛书》。这一丛书集高校、医疗卫生系统各学科专家之长，涵盖了专业学术、适宜技术、科普等多个板块，其中专业学术板块包含健康管理学术交流、课题研究、案例分享等内容，旨在为健康管理工作者提供疾病全过程、各阶段的健康管理方案及技术；适宜技术板块包含健康管理的相关操作技能、规范、标准和实操守则等内容，旨在为健康管理工作者提供可落地的操作指南及方法；科普板块包含不同年龄、不同疾病、不同职业的健康管理科普知识，重点围绕老百姓关注的健康热点及知识误区，内容深入浅出、通俗易懂，旨在传播健康知识，倡导健康生活方式，并将健康管理理念推广到更广泛的人群中。

此外，四川省健康管理师协会和四川科学技术出版社围绕本丛书的发行，还将开展多项推介活动，并通过互联网构建起一个健康知识交流的平台，为读者提供更多实践指导和交流学习的机会。

感谢所有为本丛书做出贡献的专家、作者和编辑们，也感谢每一位关注和支持《健康管理智慧丛书》的读者们。希望随着本丛书的问世，健康管理事业能够获得更大的发展和提升。让健康的种子在每一个人心中萌芽生长，绽放出更加灿烂美好的未来！

《健康管理智慧丛书》编委会

2023年7月20日

前言

当前，我国医药卫生事业面临人口老龄化、城镇化和慢性病高发等诸多挑战，为满足广大群众日益增长的医疗及健康需求，家庭医生签约服务制度应运而生。家庭医生服务团队以维护居民健康为目的，主要由全科医师、全科护士以及健康管理相关专业人员组成社区卫生服务基本工作单位，以居民健康为中心，以家庭为单位，以社区为范围，成为百姓健康"最后一公里"的守门人。自2016年家庭医生签约服务在全国开展以来，得到了居民群众的认可和欢迎，2020年基本实现了家庭医生签约制度的全覆盖。

除了建立健康档案、慢病管理、双向转诊等业务，健康教育也是家庭医生的重要工作内容。

食品安全与营养是人类维持生命、保证健康的重要条件，是广大读者关心的健康话题，也是最容易产生误区的健康领域。如何掌握科学的食品选购、储存、加工、食用知识？如何识破广为流传的关于食品安全的谣言？不同年龄的人群如何满足营养需求？慢性病患者需要注意哪些饮食搭配？这些问题家庭医生团队都能提供专业、靠谱的答案。

本书归纳了食品安全、合理营养、科学食养和健康生活四个版块，每个话题还原一个生活情景。书中的小主人公小明和小美既是孪生兄妹又是同班同学，他们对营养健康话题充满了兴趣，无论是在学校还是在家中，经常与两位老师（张老师、刘老师）、爸爸妈妈及爷爷奶奶探讨营养健康话题。知识渊博的家庭医生（李医生和王医生）以通俗易懂的方式为大家答疑解惑，和大家一起学习、探讨食品安全及营养知识。

本书内容丰富，通俗易懂，图文并茂，集可读性、知识性与实用性并重，适合广大读者阅读，也可供食品安全与营养科普等专业人员参考使用。

　　本书由成都市疾病预防控制中心组织专业人员编写。本书的出版得到了四川省卫生健康委员会、四川省食品安全学会以及成都市视力保护与健康促进学会的大力支持，还得到重庆市疾病预防控制中心有毒蘑菇照片的馈赠，在此，一并致以诚挚的感谢！由于编者水平有限，书中难免有错漏之处，敬请广大读者不吝赐教！

目录
Contents

第一章

食品
安全

第二章

合理
营养

第三章

科学食养

第四章

健康生活

食品安全

食品安全五大要点

小美

奶奶，您这么着急出门去哪里啊？

奶奶

隔壁赵大妈通知我下楼参加活动，好多邻居都去了，挺热闹的。之前来我们家的家庭医生也在。

小美

是吗？那我跟您一起去！

李医生

各位居民朋友，今天我们将开展食品安全宣传周活动，欢迎大家来到科普咨询台。

食品安全对我们大家很重要。我看了今年的"3·15晚会"上面曝光了不少不良企业。

奶奶

李医生

奶奶说得对，政府和媒体确实很重视食品安全问题。我今天要和大家分享的是，从自己做起，加强食品安全的自我保护，防止病从口入，从而减少食源性疾病的发生。

总结起来主要有五点：
①保持清洁。
②生熟分开。
③烧熟煮透。
④安全存放。
⑤材料安全。
这就是我们常宣传的食品安全五大要点。

小美

五大要点？听起来很简单啊！

李医生

这是针对我们大众消费者的建议，听起来确实简单，为的就是人人都能理解和实施。

第一，保持清洁

（1）拿取食品前要洗手；准备食品期间还要勤洗手。

（2）便后洗手。

（3）清洗用于准备食品的场所和设备。

（4）避免虫、鼠及其他动物进入厨房和接近食物。

我们平时看到的清洁不一定是真正的清洁哦！

奶奶

李医生

奶奶说得对。我们肉眼看不见微生物，但不代表食物中没有微生物。

多数微生物不会引起疾病，但泥土和河水中以及动物的身上常常可以找到许多危险的微生物。手上、抹布上，尤其是菜板等用具上均可携带这些微生物，接触后可污染食物，并引起食源性疾病。

第二，生熟分开

（1）生肉、禽类和海产品要与其他食物分开。

（2）处理生的食物要有专用的设备和用具，例如刀具和切肉板。

（3）使用器皿储存食物，以避免生、熟食物相互接触。生的食物含有微生物，尤其是肉、禽类和海产品等，在准备和储存这些食物时可能会污染其他食物。

小美

李医生，我们家就有两个菜板！

李医生

很好！两个菜板一定要区分使用，才能避免生、熟食物交叉污染！

第三，烧熟煮透

（1）食物要彻底煮熟，尤其是肉、禽类和海产品。

（2）炖汤、煲食物要煮开熟透。

（3）熟食再次加热要彻底。

适当烹调可杀死几乎所有的微生物。研究表明，烹调食物达到70℃的温度可有助于确保安全食用。需要特别注意的食物包括肉馅、烤肉、大块的肉和整只禽类。

第四，安全存放

（1）熟食在室温下不得存放2小时以上。

（2）所有熟食和易腐烂的食物应及时冷却（最好在5℃以下）。

（3）熟食在食用前应保持滚烫的温度（60℃以上）。

（4）即使在冰箱中也不能过久储存食物。

（5）冷冻食物不要在室温下化冻。

如果以室温储藏食品，微生物可迅速繁殖。将温度保持在5℃以下或60℃以上，可使微生物生长速度减慢或停止。

第五，材料安全

（1）使用净水进行处理以确保安全。

（2）挑选新鲜和有益于健康的食物。

（3）选择经过加工的食品，例如经过低温消毒的牛奶。

（4）水果和蔬菜要洗干净，尤其是要生食时。

（5）不吃超过保质期的食物。

原材料（包括水和冰）可被微生物和化学品污染。受损和霉变的食物中可形成有毒的化学物质。谨慎选择原材料并采取简单的措施，如清洗、去皮，可减少危险。

原来食品安全的范围这么广呀！食物自身、挑选环节、处理环节、储存环节以及我们自身的卫生意识都涉及食品安全。

奶奶

李医生，我要把您讲的这些内容告诉爸爸妈妈和其他人，让他们都了解食品安全五大要点。

小美

李医生

很好啊！希望人人都能了解这些简单易行的食品安全知识。

除此之外，要购买正规厂家生产的食物，尽量避免在路边无照经营的小商小贩处购买食品，以减少不必要的风险，确保食品安全。

每日笔记

牢记食品安全五大要点

1 保持清洁。

2 生熟分开。

3 烧熟煮透。

4 安全存放。

5 材料安全。

五类食物的储藏方法

小美

妈妈，家里买了这么多食物，蔬菜、水果、海鱼、饮料，我们全家得吃多少天才能吃完啊？

小美啊，这不是放长假了嘛，除了我们自己吃，走亲访友、招呼客人都是需要的，所以要提前备好食物，况且商场最近都在打折，很划算哦！

妈妈

小美

可是妈妈，这么多食物就一直这样堆在厨房的角落里吗？之前李医生讲过食物的储藏方法，应当分门别类地存放，否则容易变质。

那具体如何储藏呢？你能详细说说吗？

妈妈

小美

　　冷藏冷冻放冰箱，生熟荤素要分开，剩饭剩菜加热透，还有……李医生，您好！正好您来了，我正在跟妈妈讨论储藏食物的问题，可惜有点记不起来了。

李医生

　　小美已经有储藏食物的科学意识了，挺好！接下来我来详细说明一下。假期食品采购较多，如储藏不当，容易变质、长霉、腐烂，影响食物的风味和营养价值。为了防范食物储藏可能带来的食品安全风险，我们需要注意以下几方面。

　　食品应适量购买或制作，尽量减少囤积，提倡按需备餐、点餐，既降低食品安全风险，也避免浪费。

　　对需要冷藏或冷冻保存的食物，应及时放入冰箱，避免长时间暴露在室温下。

　　冷冻冷藏，应生熟分开、荤素分开，尽量分隔或独立包装，避免交叉污染。熟食和直接入口的食物宜放在冰箱上层，生的食物宜放在冰箱下层，避免贴近冰箱内壁。冷藏后的剩菜、剩饭应确认无腐败变质，再次彻底加热后才能食用。即开即食食品开启后应妥善保存，并尽快食用。

1.粮食、干果类

　　粮食、干果类储藏的基本原则是低温、避光、通风和干燥。例如，袋装米、面可在取后将袋口扎紧并存放在阴凉干燥处。注意采取措施防尘、防虫及防止霉变。储藏食物要特别注意远离农药、灭鼠剂、亚硝酸盐等有毒有害物品，以防止污染和误食。

2.新鲜果蔬

绿叶蔬菜可以用软纸包裹后放入保鲜袋冷藏，一般应在3天内吃完。豆角、茄子、青椒、萝卜等用软纸包裹后放入保鲜袋，可以在阴凉处保存3~5天。香蕉、芒果、荔枝、火龙果等各种热带水果不宜冷藏，室内存放即可。草莓、蓝莓、葡萄等浆果宜冷藏，最好在24小时内食用完。苹果和梨既可以冷藏，也可以放在室内。储藏过程中应注意检查，发霉腐烂的要及时挑出，避免污染扩大。

3.肉和水产品

生肉和鱼如当天食用，可冷藏保存；如当天不能全部食用，建议按烹调需要，分割后放入保鲜袋冷冻保存。烹调前，应提前放在冷藏室的下层缓慢化冻。鱼干、虾皮、海米等水产干制品应装袋封口后冷藏保存。

4.主食和糕点

馒头、烧饼、面包等熟制主食可以冷藏保存，冷藏超过两天的应分装密封后冷冻保存。柔软的糕点可冷藏，但最好两天内吃完。纯奶油蛋糕最好当日吃完。酥点和油炸类小食品最好一周内吃完。曲奇饼干等宜在室温下放于干燥处保存。

5.饮料和其他

未开封的饮料、果汁和啤酒应放在阴凉处保存，但一旦开封就必须冷藏并在两天内喝完。葡萄酒开封后应塞上瓶塞，并在一周内喝完。此外，番茄酱、沙拉酱等一旦开封应冷藏保存；巧克力不宜长时间冷藏或冷冻。

储藏食物三大妙招

❶ 按需备餐，减少囤积。

❷ 合理使用冰箱，生熟分开，荤素分开，尽量将食品分隔或进行独立包装，避免交叉污染。

❸ 根据食物的特点，选择在室温下储藏、冷藏、冷冻等不同的保存方式。

高温环境下的食品安全

小明

奶奶，您身体不舒服吗？

肚子不太舒服，可能是因为吃了那盘剩菜导致的。

奶奶

小明

啊？那不是中午的剩菜吗？在桌子上放了一下午，我以为晚饭前已经倒了，原来是您吃了啊？

本来打算倒掉的，但是又觉得可惜嘛。

奶奶

小明

奶奶，我带您去找找李医生吧。

李医生

奶奶昨晚吃的剩菜可能已经变质了。夏季高温天气下特别要注意食品安全哦！高温环境下细菌繁殖速度快，食物更容易变质。

才放了半天就变质了，有这么快吗？

奶奶

李医生

常见的致病菌（如副溶血性弧菌）最适宜繁殖的温度为30~37℃，且在适宜的温度下，细菌数量每8~9分钟即可翻倍。在低温环境中，例如在家用冰箱温度下，细菌数量翻倍至少需要10小时甚至更久。

因此，在安全的温度下保存食物是非常重要的，夏季尤其要注意。

小明

奶奶，以后别再吃剩菜了。剩菜倒了看似可惜，但如果吃了更容易影响身体健康。

节俭惯了，看来还是得讲科学啊！

奶奶

李医生

是啊，夏季食品安全风险高，以下要点都是需要注意的：

（1）需要保存的食物及时放入冰箱，特别是热菜无须在室温下放凉了再放进冰箱。

（2）凉拌菜现拌现吃，拌之前确保食材的安全，充分清洗或加热，如凉拌皮蛋，因沙门氏菌感染而引起的中毒事件在每年夏季频发，拌之前应将皮蛋充分加热，可以有效避免沙门氏菌感染。

（3）不能以食物的馊味、变色、长毛等感观变化来判断是否能继续食用，例如，馊味只是个别腐败菌分解而使食物产生了气味，多数致病菌在繁殖过程中没有这个过程。因此没有得到很好保存的食物，即使闻起来或看上去没问题，但其致病风险依然不小。

（4）户外活动时，随身携带的食物不方便保存，最好购买独立包装且小分量的预包装食品，避免拆封后被污染。

回顾食品安全五大要点第四点：安全存放

❶ 熟食在室温下不得存放2小时以上。

❷ 所有熟食和易腐烂的食物应及时冷却（最好在5℃以下）。

❸ 熟食在食用前应保持滚烫的温度（60℃以上）。

❹ 即使在冰箱中也不能过久储存食物。

❺ 冷冻食物不要在室温下化冻。

　　如果在室温下储藏食品，微生物可迅速繁殖。把温度保持在5℃以下或60℃以上，可使微生物生长速度减慢或停止。

常见的有毒野菜

王医生

随着气温回升，各种野菜纷纷登场。然而，在享受大自然馈赠的同时，我们必须警惕潜在的风险，以防误食有毒植物。以下便是几种常见的易混淆的植物。

1. 秋葵与曼陀罗

秋葵是近些年火起来的网红蔬菜，口感独特，广受欢迎。然而，一种叫曼陀罗的有毒植物，其花苞与秋葵非常相似。开花后的曼陀罗甚至会被误认为丝瓜。

曼陀罗，又名杨金花、大喇叭花等，在公园及市区绿化带等区域常见到，其花、叶、果实均含有毒素，误食半小时后会出现喉咙发干、声音嘶哑、心跳加快、皮肤潮红、发热等症状，继而还会出现幻觉、躁动抽搐等症状，严重的甚至会发生昏迷、死亡。

左为秋葵，右为曼陀罗　　　　曼陀罗（黄色花瓣及白色花瓣）

2. 蒜苗与水仙

　　蒜苗是许多家庭餐桌上常见的美食，清香可口，深受喜爱。但需警惕的是，水仙的叶片与蒜苗极易混淆，特别是一些家庭喜欢自己水培蒜苗，更容易跟水仙混在一起难以区分。水仙含有强烈的毒性，误食其叶片可引起呕吐、腹泻、心动过缓、手足发冷、休克甚至呼吸中枢麻痹、循环衰竭等。

蒜苗　　　　　　　　　　水仙花

3. 芋头与滴水观音

芋头与滴水观音在外形上可能会令人混淆，特别是它们的叶片在形状上有相似之处。然而，误食滴水观音，会导致咽部和口部不适，严重的还会窒息，导致心脏停搏，甚至发生死亡。另外，皮肤接触滴水观音的汁液会发生瘙痒或强烈刺激；眼睛接触汁液可引起严重的结膜炎，甚至失明。

芋头

滴水观音

4. 美洲商陆与人参

美洲商陆是一种常见的野生植物，又名野萝卜、山萝卜等。商陆的根与人参外形有些相似，但它的叶子、未成熟的果实及根部均有毒。一般误食商陆后半小时即会出现心跳呼吸加快、恶心呕吐、腹痛腹泻，继而出现眩晕头痛、言语不清、躁动抽搐，甚至昏迷、死亡。最典型的症状是瞳孔放大，面红无汗。

美洲商陆幼苗

美洲商陆

每日笔记

路边的野菜可别乱采

在植物生长旺盛的季节，特别提醒大家注意以下几点：

❶ 进行户外活动时，请务必关注安全问题。看到美丽的花花草草须记住古人的告诫："可远观而不可亵玩焉。"这样既保护了野生植物，也避免了可能出现的危险，尤其是绝对不能随意品尝。

❷ 即使自认为区分得清，一些野生植物也不要随意采摘食用，可能会产生致命的后果。

❸ 在不幸误食有毒植物的情况下，应立刻尝试催吐以减少毒素的吸收，并迅速寻求医疗援助。最好能保存误食的植物和剩余的食物，以便于就医时进行检测、诊断和治疗。

当心毒蘑菇

各位同学，暑假马上要到了，鉴于我们学校以前发生过误食毒蘑菇的中毒事件，今天特别请来王医生跟大家再科普一下。

张老师

王医生

每年七、八、九月，气温依然居高不下，不少同学会在假期跟随父母去郊区或农村玩。

大家在避暑的同时，往往会亲近大自然，大自然中的野菜也是难得的美味，尤其在雨量充沛的时节，正适宜野生蘑菇生长，同时这时也是野生蘑菇中毒的高发期。

同学们一定要记住：不要轻易尝鲜！

王医生，蘑菇真的很好吃啊！有没有识别的方法啊？

小明

王医生

毒蘑菇种类繁多，形态各异，在我国有400多种，各个地方均有分布。其毒性非常强且成分复杂，目前没有治疗毒蘑菇中毒的特效药。

有些种类的毒蘑菇中毒后死亡率极高。有关统计数据显示，毒蘑菇致死人数约占食物中毒事件死亡总人数的50%，居各类食物中毒事件之首。

目前还没有简单易行的关于毒蘑菇的鉴别方法。在民间流传着一些识别毒蘑菇的方法，但事实证明这些方法是不可靠的。

毒蘑菇认识误区

条盖盔孢伞（剧毒）

致命鹅膏（剧毒）

误区 1 鲜艳的蘑菇有毒，颜色暗淡的蘑菇无毒。

真相：根据颜色与形状不能简单地区别蘑菇是否有毒。比如褐孔牛肝菌是颜色鲜艳的食用菌，而灰白色的灰花纹鹅膏菌是毒蘑菇。

误区 2 长在潮湿处或家禽粪便上的蘑菇有毒，长在松树下等干净地方的蘑菇无毒。

真相：干净的树下一样可以长毒蘑菇，比如鹅膏、口蘑、红菇中一些有毒种类也可以生长在松林中。

(误区)(3) 蘑菇跟银器、生姜、大米、生葱一起煮，液体变黑有毒。

真相："银针验毒"是小说和电视剧中的情节，可以验砷化物（比如砒霜）、硫化物，但蘑菇毒素多为生物碱，不能与银器发生化学反应，不会产生颜色变化。

(误区)(4) 有分泌物或受伤变色的蘑菇有毒。

真相：有不少毒蘑菇受损后，不分泌乳汁，也不变色，而有的食用菌，比如多汁乳菇，可以分泌液体并变色。

(误区)(5) 被虫咬过的蘑菇没有毒。

真相：许多有剧毒的鹅膏成熟后同样会生蛆、生虫。

(误区)(6) 表面粗糙、突起，菌柄有环或有菌托的蘑菇有毒。

真相：许多毒蘑菇看起来很正常，比如有剧毒的毒粉褶菌。

(误区)(7) 毒蘑菇一泡水就变浑，无毒的蘑菇泡在水里水是清澈的。

真相：变浑是因为蘑菇含有浆液，既可能是有毒的，也可能是无毒的，很多毒蘑菇泡水也不会变浑。

大青褶伞（有毒）

误区8 毒蘑菇有土豆或萝卜味，无毒蘑菇为苦杏或水果味。

真相： 蘑菇的气味不仅和品种有关，也和生长的环境有关，通过气味无法分辩蘑菇是否有毒。

误区9 蘑菇做熟就没有毒了。

真相： 毒蘑菇中的毒素、毒性稳定且耐热，一般烹调方法根本无法破坏其毒素，加入其他的佐料，比如大蒜、生姜等，也不能破坏其毒素。

误区10 有人说，"我以前年年在这棵树上采蘑菇都没有毒，所以今年也不会有毒"。

真相： 据报道，曾经有一家四口全部被毒蘑菇毒死，就因为他们年年在同一棵树上采同一种蘑菇，从来没有出现问题。但是偏偏有一年，可能受环境变化的影响，这棵树上的蘑菇出现了毒素，造成了这一惨剧。

天啊，这么多方法居然都是不可靠的，野生蘑菇还真不能随便吃哦！

小明

王医生

是的。

野生蘑菇中存在多种有毒品种，毒蘑菇中的毒性成分复杂，中毒表现各异，主要有恶心、呕吐、流涎、流泪、神经错乱、急性贫血、黄疸、脏器损害等，严重者可导致死亡。

食用毒蘑菇中毒后，往往病情凶险，病死率高，且没有特效疗法。一旦食用野生蘑菇出现中毒症状，中毒者要立即催吐，并尽快就医。

小明

王医生，如果真的中毒了还有哪些注意事项呢？

王医生

如果发觉可能误食了毒蘑菇，应该这样做：

（1）立即用指头或筷子压舌根催吐，然后口服温开水，反复催吐2~3次，直至吐不出食物残渣为止。

（2）催吐的同时联络急救中心，或在催吐后带患者尽快就医，不要因为症状较轻或症状没有恶化就不去医院。特别是食用蘑菇后6小时才发病的，易发生致死性蘑菇中毒，一定要尽快到正规医院进行救治。

（3）留存毒蘑菇的照片并保留食用过的毒蘑菇，以便确定中毒原因，告诉医生可能是误食毒蘑菇中毒，以便于针对性地治疗。

每日笔记

❶ 毒蘑菇种类繁多，难以区分，连专业人员也难以准确地鉴别蘑菇的种类，区分是否有毒。

❷ 切勿采食野生蘑菇，以免发生误食中毒。

❸ 如误食野生蘑菇中毒后，应立即采取催吐等措施，并及时就医。特别是潜伏期大于6小时的，要高度重视，一定要尽快到正规医院进行救治。

预防肉毒中毒

爸爸

小明、小美快来，我给你们买了兔头。

谢谢爸爸！

小美

小明

哇！还是真空包装的，开袋即食哦！

小明，别急，李医生讲过，真空包装的熟食不能直接吃，得先加热。

小美

小明

已经是真空包装了,加热多麻烦,并且加热后味道都变了,不好吃了。

这样,我们马上给李医生打电话咨询一下。

爸爸

李医生

小美说得对,真空包装的熟食最好加热再吃。

小明

李医生,我不明白,真空环境下细菌都不会生长了,食物还会变质吗?

李医生

有一类细菌叫厌氧菌,没有氧气反而繁殖得更快,例如肉毒梭菌。

目前已经出现了不少食源性肉毒中毒事件,主要是由于食用了被肉毒毒素污染的食品而引起的严重的中毒疾病,且病死率较高。产生肉毒毒素的肉毒梭菌就是一种厌氧菌。夏季,真空包装的散装熟肉制品以及发酵类食品被污染的风险较高。

啊！我还真忘了这个知识点了。

小明

小美

哈哈！你是见到美食啥都忘了。

李医生

国家食品安全风险评估中心2023年发布了关于预防食源性肉毒中毒的风险提示，着重提醒消费者谨慎选择网购即食食品，不购买、不食用来历不明或小作坊生产的真空包装散装熟肉制品、发酵类食品，特别是需要冷藏保存的即食熟肉制品。旅游、出差时从当地门店、市场等购买的散装熟肉制品不建议选择真空包装。需要冷藏保存的即食熟肉制品和散装熟肉制品不要远途常温快递或携带，应在冷藏条件下储存和运输，并尽快食用。

请问李医生，如果不能确定买到的食品是否被污染，应该怎样做呢？

爸爸

李医生

肉毒毒素虽然毒性很强，但不耐高温，通常以80℃加热10分钟即可将其灭活，因此各类熟肉制品和发酵类食品，特别是用真空包装的，食用前一定要彻底加热。

小明

明白啦！我这就去把兔头好好加热一下再吃！

每日笔记

真空包装不宜开袋即食；各类熟肉最好加热再吃。

隔夜茶能喝吗

小明妈妈你刚才偷懒了。

偷啥懒？你说清楚哦。

我让你泡杯新鲜茶，你直接把昨天晚上的陈茶添水端来给我，我可是喝了几十年茶了，什么味道尝不出来？

你那是浪费，昨天没喝几口的茶味道还很浓，今天接着泡水喝，怎么就偷懒了？

良"食"益友——食品安全与营养知识那些事儿

爷爷

隔夜茶不好喝，我年轻时经常喝茶，也从来不喝隔夜茶。我前几天还看到一个视频说隔夜茶致癌，好像是因为产生亚硝酸盐之类的东西。

不会吧？口味好不好看情况，放一晚上就致癌，会不会太夸张了？您是在哪里看到的？

妈妈

爷爷

老朋友的微信群里有人分享。

爸爸

跟您说了很多回了，微信群里那些危言耸听的话不要信，还是等下次医生家访的时候，我们顺便问问吧。

李医生

隔夜茶致癌的问题其实早就辟谣了。从成分上讲，隔夜茶的确会产生更多的亚硝酸物质，但远没有达到致癌程度。隔夜茶颜色变深主要跟茶中的茶多酚氧化相关，不会造成健康隐患。

看吧！关于隔夜茶的那些危害都是谣言！是你们喝茶的人讲究太多了，非要喝新鲜茶。

妈妈

这个……

爸爸

出于安全的考虑，还是尽量不喝隔夜茶。茶水在室温下长时间放置，难免会滋生细菌等微生物，尤其在炎炎夏日，食品腐败变质得很快，隔夜茶有引发肠胃炎的风险。

李医生

是哦，这倒是我们忽略的问题，饭菜在外面放一晚上到第二天我们都不敢吃，茶水也是一样的道理。

妈妈

小明妈妈，你可不能为了节约茶叶再让我喝隔夜茶了啊。

爸爸

好！不喝隔夜茶，但我泡隔夜茶还不是因为你前一天喝的茶没喝淡。

妈妈

爸爸

听你的吩咐，每天茶水尽量喝淡！节约是美德！哈哈哈……

每日笔记

隔夜茶不致癌，但可能会变质腐败。

凉拌皮蛋也能吃进医院

你们看今天的新闻，吃个凉拌皮蛋也能进医院，真是越来越离谱了。

爷爷，这是疾控部门发布的，可不是谣言啊！

不急，我再仔细看看，还真是疾控中心发布的啊，后面好长一段解释，我是老花眼，不想去看了。

爷爷，那我们等王医生家访时再仔细问问吧！

良"食"益友——食品安全与营养知识那些事儿

王医生

　　吃凉拌皮蛋住进医院，听起来确实有点离谱，但几乎每年都会发生。

王医生，到底是怎么回事啊？

小美

王医生

　　这主要是皮蛋受到了沙门氏菌的污染而导致的。
　　沙门氏菌是一种常见的食源性致病菌，在自然界中广泛存在，畜禽肉类、蛋、奶以及蔬菜、水果等皆可被其污染。当人们食用被沙门氏菌污染的食物而发生中毒后，会出现恶心、头晕、发热、呕吐、腹痛、腹泻等急性胃肠道症状，若不及时治疗，甚至会危及生命。

爷爷

　　真这么严重啊？那我们吃之前把皮蛋好好洗一洗应该可以解决吧？

王医生

洗可不一定能洗掉。鸡蛋、鸭蛋等禽蛋被沙门氏菌污染的途径主要有两个：一是内源污染，即禽类卵巢感染了沙门氏菌，导致蛋在蛋壳尚未形成之前即被污染，但蛋的外表看不出任何感观性的改变；另一种是外源污染，是由于蛋壳破损，导致沙门氏菌侵入。

也就是说一些蛋类在生出之前就已经被污染了吗？这可不好办。

小美

王医生

那也不用慌，想避免蛋类被沙门氏菌感染，首先不食用蛋壳破损或感观异常的蛋；其次沙门氏菌怕热，以75℃加热5分钟即可将其杀灭。因此，所有蛋类食用前都应充分加热。

如果想吃凉拌皮蛋，需要先对皮蛋进行加热，蒸、煮、煎、炒皆可，仅仅用清水冲洗或开水烫一下表面都是不行的。

爷爷

哦，了解了，以后吃皮蛋都先蒸一下最安全。

每日笔记

吃蛋要防沙门氏菌污染，充分加热很重要。

转基因食品到底安全吗

爷爷

　　现在一些商家真是丧心病狂，用转基因食品来残害下一代。

爸啊，那些朋友圈的谣言可别信，早就辟谣了。

爸爸

爷爷

　　怎么是谣言？你看上面还有专家的解说，转基因食品导致不孕不育，转基因食品有毒有害。

李医生

老人家，您可能真看到谣言了。转基因食品到底安不安全，其实官方早有解释。

转基因技术作为全球发展最成熟、应用最广泛的生物育种技术，早已成为各国抢占的科技制高点。转基因食品与不孕不育毫无关系。相关谣言源于2013年的一篇报道，称"多年食用转基因玉米，导致广西男性大学生精子活力下降"。事实上，大学生精子异常的说法出自某医院一份调查报告，报告中提出环境污染、长时间上网、熬夜等不健康的生活习惯可能导致大学生精子异常，根本就没有任何转基因的字眼。转基因食品在人体中不会蓄积，不会随着摄入量的增加在体内积累，没有产生长期影响的物质基础，不会进行代际传递，更不会改变我们的基因，影响后代。

爷爷

李医生说的听起来比较靠谱。

李医生

　　转基因食品上市前，都要按照国际通用规则开展科学的毒性、致敏性等方面的研究试验、检测验证和科学评估。批准上市的转基因食品和普通食品一样，除了增加了有利于生产的特定性状，例如抗虫、抗旱等，并不增加额外的风险。实际上，从转基因作物商业化种植开始，转基因食品已在全球应用20余年，其安全性经过了长期的实践验证。转基因产品影响人或动物生育能力的观点没有任何科学依据和医学证据。以转基因技术为核心的生物技术引领现代农业科学技术的发展，是保障粮食安全与农业可持续发展的重要措施。

转基因食品不可怕。

第二章 合理营养

中国居民膳食指南

小明

爷爷，李医生昨天到学校给我们科普了营养健康知识，她告诉我们，想要健康的身体，一定要"吃得好"！

爷爷

我懂"吃得好"！有精米、白面和大鱼、大肉就是"吃得好"！爷爷小时候生活条件很艰苦，过年才吃得上一顿饺子。

小明

爷爷，那是以前的观念，现在科学的"吃得好"已经不是精米、白面和大鱼、大肉啦！

爸爸

是啊，是啊，现在"吃得好"是说高消费餐饮。咱家虽然没有天天山珍海味，但一年到头下馆子的时候还是不少嘛！

不对！都不对！李医生讲的"吃得好"是说我们要平衡膳食，和大鱼大肉、高消费都没有关系！为了实现平衡膳食，营养专家还专门总结出了口诀来指导我们如何做才叫"吃得好"！

这么有趣！我们的一日三餐该怎么吃呢？让我听听专家怎么说。

爷爷，您听好了，我背给您听！
食物多样，合理搭配；
吃动平衡，健康体重；
多吃蔬果、奶类、全谷、大豆；
适量吃鱼、禽、蛋、瘦肉；
少盐少油，控糖限酒；
规律进餐，足量饮水；
会烹会选，会看标签；
公筷分餐，杜绝浪费。

不错！不错！背得挺流利的，但是每句口诀分别是什么意思？你能讲明白吗？

良"食"益友——食品安全与营养知识那些事儿

嗯！我可能讲得不是很详细，李医生正好是我们家的签约家庭医生，她下次家访的时候可以让她给我们讲解一下。

小明说的"口诀"，真正的名字叫《中国居民膳食指南》。中国营养学会组织营养专家总结了食物与人群健康的关系，梳理了我国居民主要的营养和健康问题，为改善大众营养，引导食物消费，促进全民健康，提出了平衡膳食"八准则"，即八句口诀。

原来还有科学依据啊！我知道食物多样的意思，就是多吃肉嘛，每顿都吃猪肉、牛肉、羊肉、鸡肉等，多吃肉来补充蛋白质。

李医生

食物多样性不仅仅是多吃肉，每天的膳食应包括谷薯、蔬菜、水果、畜、禽、鱼、蛋、奶、大豆、坚果等。平均每天应摄入12种以上的食物，每周达到25种以上。

众多的食物种类中，首先要保证主食的摄入，即以谷类为主。

图片来源于中国营养学会

谷类？那就是要多吃几碗大米饭吗？

爷爷

李医生

大米当然包含在谷物中，但谷物不止大米饭。

每天应摄入谷类食物200~300克，其中包含全谷物和杂豆类50~150克；薯类50~100克。

全谷物是指未经精细化加工或虽经碾磨/粉碎/压片等处理仍保留了完整谷粒所具备的胚乳、胚芽、麸皮及其天然营养成分的谷物。

李医生

　　谷类含有丰富的碳水化合物，也是提供B族维生素、矿物质、膳食纤维和蛋白质的重要来源，在保障青少年生长发育、维持人体健康方面发挥着重要作用。

谷类原来这么重要！以后我们也要按这个要求来改变我们家的饮食结构了！

爷爷

李医生

　　不仅饮食结构需要改变，还要吃动平衡，即坚持日常身体活动，每周至少进行5天中等强度的身体活动，累计150分钟以上；最好每天步行6000步，减少久坐时间，每小时起来动一动。

小明

好的，吃动平衡，保持健康体重，我也记住啦！

李医生

　　多吃蔬菜、水果、奶类、大豆，蔬菜、水果是均衡膳食的重要组成部分，富含丰富的维生素和膳食纤维。奶类富含钙，大豆富含优质蛋白质。餐餐有蔬菜，应保证每天摄入300~500克蔬菜，深色蔬菜应占1/2。天天吃水果，应保证每天摄入200~350克新鲜水果，一定注意果汁不能代替鲜果哦！

李医生

吃各种各样的奶制品，摄入量相当于每天300毫升以上液态奶。经常吃豆制品，适量吃坚果。适量吃鱼、禽、蛋、瘦肉，每周最好吃2次鱼或吃300~500克的鱼类，蛋类300~350克，畜禽肉300~500克。优先选择鱼和禽肉。吃鸡蛋不弃蛋黄。少吃肥肉、烟熏和腌制肉制品。

真是增长了不少健康饮食的知识，食物多样，合理搭配；吃动平衡，健康体重；多吃蔬果、奶类、大豆。

爷爷

每日笔记

❶ 食物多样，合理搭配；吃动平衡，健康体重。

❷ 多吃蔬果、奶类、全谷、大豆；适量吃鱼、禽、蛋、瘦肉。

❸ 少盐少油，控糖限酒；规律进餐，足量饮水。

❹ 会烹会选，会看标签；公筷分餐，杜绝浪费。

到底有没有食物相克的说法

张老师，您快看！小明怎么在哭呢？

小明，你怎么啦？

老师，老师，我好害怕呀……呜呜呜呜呜……

小明，是谁欺负你了吗？

没有！我觉得我要中毒了。昨晚我们家吃了凉拌西红柿，晚饭后我又偷偷吃了一个冰棍。可是刚才从同学那里看到了"不得不看的198种食物相克表"，里面写到冰棍加西红柿是会中毒的！

小明

张老师

小明，你不要着急，我们去社区找李医生，请她帮你检查一下。

李医生

小明同学，你是杞人忧天啦！食物相克的说法是没有科学依据的哦！冰棍加西红柿是不会中毒的。其实，20世纪30年代，南京大学生物化学教研主任郑集教授通过科学试验，对食物相克的说法进行了否定。

张老师

啊？我以前一直觉得食物相克肯定有道理，我们家厨房还贴了食物相克的图来提醒自己食物搭配不要犯忌呢。李医生，你快讲讲这是怎么回事。

李医生

郑教授收集了114对同食中毒的食物，选择最常见的14对进行检验，包括大葱与蜂蜜、红薯与香蕉、绿豆与狗肉、松花蛋与糖、花生与黄瓜、青豆与饴糖、螃蟹与柿子、螃蟹与荆芥、螃蟹与啤酒、螃蟹与石榴、鲫鱼与荆芥、鲫鱼与甘草、牛肉与粟米以及鳖与马齿苋。采用大白鼠、猴子和狗进行试验，其中7对食物由郑教授本人以及另外一位研究者试食，通过家常制作后试食两天，观察试食者的表情、行为、体温、大便次数以及外观有无差异，结果没有发现任何一对食物出现相克的现象，所以，食物相克的说法是没有科学依据的。

张老师

但是食物相克表上的食物也让我有过中毒症状呀！

李医生

目前有许多的科学试验都证实了这个说法不可信。2008—2009年，中国营养学会和哈尔滨医科大学的研究人员选取了12对食物进行检验，经30人分别试食后，认为不构成食物相克。在吃猪肉炖黄豆时，虽然有3人出现腹泻现象，但研究人员通过深入调查后认为，不是食物相克造成的，而是他们对油腻太大的食物不适应。

张老师

除了郑教授的试验，还有别的依据吗？

李医生

当然有啦！郑集教授活到了111岁呢！在他100多岁时，他还出版了不少有关营养健康的科普读物，他长寿的事实，就很好地证明了食物相克是没有科学依据的。

小明

太好了！太好了！我不会中毒啦！

小美

那为什么食物相克的说法广为流传呢？

李医生

根据中国营养学会分析，有两种可能：一种是巧合，比如有些人吃了一些被细菌、病毒污染的食物，引发中毒，正巧中毒症状出现前吃了某两种食物，由此发生误解，从而以讹传讹。另一种是因为极少数人的特殊过敏反应所致，当我们不了解机体特异性过敏反应时，就用食物相克的说法来解释。所以，食物相克的说法是不可取的。

良"食"益友——食品安全与营养知识那些事儿

小明

老师，我明白啦！

小美

小明，你看，那个相克表上面还说，胡萝卜和白萝卜相克，你吃了那么久，不也好好的吗？

李医生

哈哈哈，一样可以放心地吃啊。

小明

嘿嘿……

张老师

那在平时生活中，我们的食物搭配应该注意些什么呢？

李医生

当然是遵从中国居民膳食指南啦！搭配均衡，少油少盐，多喝水，吃适当的肉补充蛋白质。另外，记得餐餐有蔬菜，天天吃水果。

每日笔记

食物相克的说法是没有科学依据的。

学龄儿童膳食指南

奶奶

小明，你上周末干什么去了啊？星期天不在家休息，是不是去找同学玩了？

奶奶！我去参加学校的活动去啦！"全民营养周"活动从上周日就开始了，最近一个星期都在举办。

小明

奶奶

"全民营养周"？这是什么活动？我以前怎么没听过啊？

"全民营养周"是由中国营养学会发起，联合多家单位，在全国范围内大力宣传和推广《中国居民膳食指南》基本原则，指导大众在日常生活中进行具体实践的重大活动！这个活动从2015年开始每年都在举办。

哦！听起来规模还不小啊！

当然不小了！奶奶，通过最近的活动我知道了要多吃全谷物，今天晚上煮饭时加一些糙米吧。

确定要加糙米？糙米口感太粗糙了，口感不好，你可能不爱吃。精白米多好吃啊，在我们那个年代，想吃都吃不到。你现在正在长身体，首先要吃饱才能补充能量。

奶奶，这您就说错了。"全民营养周"活动上王医生向我们科普了该怎么吃，现在有专门为我们量身定制的《中国学龄儿童膳食指南》。

《中国学龄儿童膳食指南（2022）》核心准则 ▶

一、主动参与食物选择和制作，提高营养素养。

二、吃好早餐，合理选择零食，培养健康饮食行为。

三、天天喝奶，足量饮水，不喝含糖饮料，禁止饮酒。

四、多户外活动，少视屏时间，每天60分钟以上中高强度身体活动。

五、定期监测体格发育，保持体重适宜增长。

主动参与食物选择和制作，提高营养素养！

奶奶，您知道糙米和精白米有什么区别吗？

小明

奶奶

糙米跟精白米相比，最大的区别就是糙米的口感粗糙。现在生活好了，食物选择也多了，不明白为什么还要吃糙米。

糙米　　　　精米

奶奶，您听我说，老师告诉我们，糙米是未经精细加工的大米，是全谷物的一种。我们先来看看糙米和精白米在结构上有什么不同。

奶奶，您看，糙米的一端有胚芽。老师说，谷粒包含谷皮（含糊粉层）、胚乳、胚芽三个部分，各个部分营养成分不同。精白米经过精磨处理，去掉了谷皮和胚芽，只保留了中间的胚乳部分，营养成分流失较多。糙米没有经过精细加工，保留了谷粒中的胚乳、胚芽、糊粉层及其天然营养成分。

谷皮就是米糠，是拿来喂养牲畜的，还有胚芽那么小，能有什么营养？

奶奶，这您就不懂了吧？谷皮和胚乳之间有一层糊粉层，含有较多的蛋白质、脂肪、丰富的B族维生素、矿物质和膳食纤维；胚芽是种子发芽部位，含有脂肪、多不饱和脂肪酸、B族维生素和矿物质等；胚乳是谷粒的主要部分，主要含有淀粉和少量蛋白质。

我明白了，我们吃的精白米主要含淀粉，而其他营养成分都损失掉了，太可惜了！

吃好**早餐**，合理选择零食，培养健康饮食行为

奶奶，您知道吗？我上学的时候三餐都很规律，可是只要一遇到周末或节假日，总会饱一顿饿一顿，吃些快餐打打牙祭犒劳自己，走亲戚时吃的也都是大鱼大肉。我也没觉得这有什么不好的呀，但是王医生告诉我们要做到三餐合理，规律进餐，培养健康饮食习惯。

王医生，您好，您今天又来家访了啊？

小明

王医生

是啊，小明，正好接着你们聊的内容讲。《中国学龄儿童膳食指南（2022）》建议：学龄儿童的一日三餐的时间相对固定，做到定时定量，进餐时细嚼慢咽。少在外就餐，少吃含能量、脂肪或糖分高的快餐。饮食应多样化，保证营养全面，并且做到清淡饮食。要经常吃含钙丰富的奶、奶制品（要保证每天喝奶300克或相当量的奶制品）、大豆及含铁、维生素C、维生素D等丰富的食物。

奶奶

王医生说得对，妈妈平时就让你多喝牛奶，多吃蔬菜、水果，现在你该听妈妈的话了吧？

天天喝奶，足量饮水，不喝含糖饮料，禁止饮酒

《中国学龄儿童膳食指南（2022）》指出，"6岁儿童每天至少饮水800毫升，7~10岁儿童每天至少饮水1000毫升；11~13岁男生每天至少饮水1300毫升，女生每天至少饮水1100毫升；14~17岁男生每天至少饮水1400毫升，女生每天至少饮水1200毫升"。饮水首选白开水，不喝或少喝含糖饮料，禁止饮酒。

小明

妈妈

经常喝含糖饮料会增加龋齿和超重肥胖的风险，可是你又喜欢喝甜水，所以妈妈每次都是给你榨鲜果汁喝，营养又健康！

王医生

鲜榨果汁确实比含糖饮料好，但是比起整个的新鲜水果，还是损失了很多人体必需的膳食纤维，所以有选择的话，还是尽量吃整个新鲜的水果。

多户外活动，少视屏时间。每天**60分钟**以上**中高强度**身体活动

王医生

光吃不动假把式。想要拥有一个强健的体魄，还需要保证每天至少活动60分钟，增加户外活动时间，减少静坐时间。视屏时间每天不超过2小时，越少越好。

定期监测**体格发育**，保持体重适宜增长

王医生

营养不足和超重肥胖都会影响儿童生长发育和健康。学龄儿童应树立科学的健康观，定期测量身高和体重，通过合理膳食和充足的活动保证适宜的体重增长，预防营养不足和超重肥胖。

妈妈

看来小明还是学到不少知识嘛！《中国学龄儿童膳食指南（2022）》也是妈妈们的宝典呀！我得去跟大家分享学习一下！

每日笔记

《中国学龄儿童膳食指南（2022）》核心准则

❶ 主动参与食物选择和制作，提高营养素养。

❷ 吃好早餐，合理选择零食，培养健康饮食行为。

❸ 天天喝奶，足量饮水，不喝含糖饮料，禁止饮酒。

❹ 多户外活动，少视屏时间。每天60分钟以上中高强度身体活动。

❺ 定期监测体格发育，保持体重适宜增长。

零食该不该吃

妈妈

　　小明，妈妈给你说过，一日三餐才是最主要的，不要老想着吃零食，零食都是垃圾食品，不能多吃！

　　妈妈，我每天就吃一点薯片，并没有影响我吃正餐，并且吃了零食我的心情还会变得非常好！

小明

妈妈

　　又在狡辩了，你不相信我说的话，正好李医生在，那你总该相信李医生的话吧？

李医生

　　首先，我们需要明白什么是"零食"。零食，通常是指一日三餐之外所食用的食品。在营养学上，食物从来没有好坏之分，也没有"垃圾食品"的说法。正所谓没有不好的食物，只有不合理的搭配！

李医生

据研究显示，我国2岁及以上人群零食消费率从20世纪90年代的11.2%上升至现今的56.7%，零食提供能量占每日总能量的10%左右，人们摄取零食的占比显著增高。

妈妈

我听说零食吃多了会长胖，以后也会患很多富贵病。

李医生

说得没错！过多或不合理地摄入零食确实可能增加肥胖及相关慢性病发生的风险。儿童、青少年正处于生长发育的关键时期，帮助其树立正确的饮食观和健康观，养成良好的饮食习惯，对于促进其健康成长有着深远的意义。

李医生，那零食到底该不该吃呢?

小明

李医生

零食当然可以吃了，但是吃零食也是一门学问！《中国儿童青少年零食指南（2018）》就专门针对不同年龄段的青少年选择零食提出了相应的推荐。

2~5岁学龄前期是儿童生长发育的关键阶段

2~5岁学龄前期儿童宜采用3+2模式（三顿丰富的正餐+两次适量的加餐=全面营养的保障）。如果需要添加零食，应该少量，且要选择健康零食。

2~5岁学龄前儿童的核心推荐：

（1）吃好正餐，适量加餐，少量零食。

（2）零食优选水果、奶类和坚果。

（3）少吃高盐、高糖、高脂肪零食。

（4）不喝或少喝含糖饮料。

（5）零食应新鲜、多样、易消化、营养、卫生。

（6）安静地进食零食，谨防呛堵。

（7）保持口腔清洁，睡前不吃零食。

6~12岁学龄儿童饮食为过渡模式

6~12岁学龄儿童饮食模式逐渐从学龄前期的三顿正餐、两次加餐向相对固定的一日三餐过渡，正餐食物摄入量有所增加。由于饮食间隔时间较长，容易产生饥饿感，且由于学龄前饮食习惯的延续，容易产生零食消费需求。

6~12岁学龄儿童的核心推荐：

（1）正餐为主，早餐合理，零食少量。

（2）课间适量加餐，优选水果、奶类和坚果。

（3）少吃高盐、高糖、高脂肪零食。

（4）不喝或少喝含糖饮料，不喝含酒精、咖啡因饮料。

（5）零食新鲜、营养、卫生。

（6）保持口腔清洁，睡前不吃零食。

13~17岁青少年青春期发育阶段

这个阶段的青少年正经历生长发育的第二个高峰期——青春期发育阶段，他们对能量和营养素的需要量大，对食物选择的自主性和独立性更强，容易产生冲动性食物消费，甚至对某些零食产生依赖。

13~17岁青少年的核心推荐：

（1）吃好三餐，避免零食替代。

（2）学习营养知识，合理选择零食，优选水果、奶类和坚果。

（3）少吃高盐、高糖、高脂肪及烟熏、油炸零食。

（4）不喝或少喝含糖饮料，不饮酒。

（5）零食新鲜、营养、卫生。

（6）保持口腔清洁，睡前不吃零食。

　　《中国儿童青少年零食指南（2018）》把零食分为九大类：肉蛋类、谷类、豆及豆制品类、奶及奶制品类、果蔬类、坚果类、薯类、饮料类、糖果及冷饮类，并且每一类都有"可经常食用""适当食用""限量食用"三种级别。不同年龄阶段对零食的需求不同，但总的原则都是一样的，即零食均优先选择水果、奶类和坚果；少吃高盐、高糖、高脂肪零食；不喝或少喝含糖饮料。

老年人膳食指南

前面讲解了一般人群和学龄儿童的膳食指南。作为家庭医生，我们应关注家庭所有成员的健康状况。老年人膳食指南值得每一个有老人的家庭了解学习。老年人膳食指南根据年龄高低划分为一般老年人和80岁以上的高龄老年人。

王医生

一般老年人膳食指南（2022）

一、食物品种丰富，动物性食物充足，常吃大豆制品

品种多样化，努力做到餐餐有蔬菜，尽可能选择不同种类的水果，动物性食物换着吃，吃不同种类的奶类和豆类食物。

各餐都应有一定量的动物性食物，尽量选择瘦肉，少吃肥肉。选择适合自己的奶制品，如鲜奶、酸奶、老年奶粉等。保证摄入充足的大豆类制品。

二、鼓励共同进餐，保持良好食欲，享受食物美味

积极主动参与家庭和社会活动，尽可能多与家人或朋友一起进餐，积极与人交流，享受食物美味，体验快乐生活。

三、积极参加户外活动，延缓肌肉衰减，保持适宜体重

合理营养是延缓老年人肌肉衰减的主要途径。老年人应主动参加体育活动，积极进行户外运动，减少久坐等静态时间，保持适宜体重。

四、定期健康体检，测评营养状况，预防营养缺乏

参加规范体检，做好健康管理。及时测评营养状况，纠正不健康的饮食行为。

高龄老年人膳食指南（2022）

（1）食物多样，鼓励多种方式进食。

（2）选择质地细软，能量和营养素密度高的食物。

（3）多吃鱼、禽、肉、蛋、奶和豆类，适量蔬菜配水果。

（4）关注体重丢失，定期营养筛查评估，预防营养不良。

（5）适时合理补充营养，提高生活质量。

（6）坚持健身与益智活动，促进身心健康。

一般老年人膳食指南核心推荐

❶ 食物品种丰富，动物性食物充足，常吃大豆制品。
❷ 鼓励共同进餐，保持良好食欲，享受食物美味。
❸ 积极参加户外活动，延缓肌肉衰减，保持适宜体重。
❹ 定期健康体检，测评营养状况，预防营养缺乏。

高龄老年人膳食指南核心推荐

❶ 食物多样，鼓励多种方式进食。
❷ 选择质地细软，能量和营养素密度高的食物。
❸ 多吃鱼、禽、肉、蛋、奶、豆类，适量蔬菜配水果。
❹ 关注体重丢失，定期营养筛查评估，预防营养不良。
❺ 适时合理补充营养，提高生活质量。
❻ 坚持健身与益智活动，促进身心健康。

老年人也要吃零食

小明：爷爷，您是不是在偷吃零食啊？

爷爷：哈哈，又被你发现了哇？我这样正大光明地吃蛋糕，不算偷吃嘛。

小明：爷爷，蛋糕吃起来多腻，我这还有几根辣条，要不分您一些？

爷爷：别，别，我吃不了你们小朋友的零食。

别客气嘛。

小明，爷爷可不是跟你客气啊。你忘了我前面介绍的老年人膳食指南了。

基本还有印象，很多内容跟我们小孩子和成年人的其实差不多嘛，食物多样，餐餐有蔬菜，每天吃豆制品……

不错，膳食指南的关键内容确实就是这些，但不同人群的营养状况还是有区别的，不然，专家们也不会制定特殊人群的膳食指南了。

王医生，我懂，但是这个跟爷爷吃零食有关系吗?

当然有关系了，老年人吃零食，比你们小朋友吃零食的意义重要多了。

随着年龄增长，老年人的身心功能会出现不同程度的衰退，其中就包括咀嚼和消化能力，同时，老年人除了对能量的需求有所降低，对其他营养素的需求量并没有减少。

王医生

也就是说，爷爷和爸爸比起来，每天需要吃的饭菜其实差不多，但是明显爷爷每顿饭都吃得比爸爸少得多啊。

小明

是的，为了满足身体的营养需求，老年人不能局限于传统的"一日三餐"的饮食模式，而应养成"少量、多餐"的习惯。

王医生

懂了，我们小朋友除了吃三顿饭外，其他的就算零食了，但是老年人的正餐应该不止三餐，四餐或者五餐都很正常，所以刚才爷爷在吃蛋糕，也算是一餐饭了。

小明

小明真聪明，一下子就理解到位了。确实如此，你觉得跟爷爷分享你的辣条合适吗?

王医生

我是在跟他开玩笑嘛，哈哈！

　　为满足身体的营养需求，老年人不能局限于传统的"一日三餐"的饮食模式，而应养成"少量、多餐"的习惯。

当心隐形盐

王医生

小明、小美、爷爷，什么是"三减三健"，你们知道吗?

知道，知道! 减盐、减油、减糖!

小明

健康口腔、健康体重、健康骨骼!

小美

王医生

嗯! 真好! 我发现生活中除了减盐，其他五个方面都很容易理解，所以在这里我还得把减盐的知识再强调一下。

健康成年人一天食盐摄入量不超过5克，2~3岁幼儿摄入量不超过2克，4~6岁幼儿不超过3克，7~10岁儿童不超过4克，11~17岁少年不超过5克。我可是把上次的内容背下来啦！

不错！这确实是减盐话题的核心内容。研究表明，食盐摄入过多可增加高血压、脑卒中等疾病的发生风险。我们平时提到的5克，仅仅是氯化钠的重量，但食品中含有的钠元素，理论上都可以换算成氯化钠。

所以我们要看配料表的话，除了关注氯化钠，其他有钠的也得关注吗？

是的，这个就是所谓的隐形盐，表面上没有添加食盐，但钠元素也要算！

王医生，我明白了，提倡少放味精也是减盐，我看了家里的味精包装袋上面的成分，发现里面根本就没有氯化钠，只有谷氨酸钠，一开始还不明白，原来是这样啊。

良"食"益友——食品安全与营养知识那些事儿

王医生

小美真聪明，一点就通！

我也知道了，减盐话题里面提到的少放味精、酱油等，其实都是这个原因。

小明

王医生

　　是的，减盐之所以不像减油和减糖那样简单，就是因为食物中的油和糖一看就明白，而盐除了食盐本身，也就是除了氯化钠这一种成分，其他含钠的都不能忽略，刚才提到的谷氨酸钠也是盐的一种，常见的还有碳酸氢钠、碳酸钠、枸橼酸钠、苯甲酸钠等，这些都是隐形盐。鸡精、味精、蚝油等调味料含钠量较高，应特别注意。一些加工食品虽然吃起来咸味不大，但在加工过程中都添加了食盐，如挂面、面包、饼干、话梅等。以话梅为例，2颗话梅（约12克）就含有1克盐；某些腌制食品、盐渍食品以及加工肉制品等预包装食品往往属于高盐（钠）食品。为控制食盐摄入量，最好的办法是在购买预包装食品时多看看营养成分表和配料表，少买高盐（钠）食品，少吃腌制食品。

① 食盐又叫氯化钠，钠多容易升血压。

② 学会使用限盐勺，一天5克不另加。

③ 家庭烹饪少放盐，清淡口味是最佳。

④ 调味品里多含钠，少用才把手艺夸。

⑤ 餐厅外卖须留意，点餐不忘要少盐。

⑥ 购买食品看标签，同类比较选低钠。

适量饮酒有益健康吗

今天晚上我得喝上二两白酒。

爷爷，酒真的好喝吗？

那当然了，酒是粮食精，一杯酒当半碗饭了。

但是膳食指南说要限酒，每天喝酒不能超过30毫升，二两就是100毫升，喝多了，属于过量饮酒了。

听小明的，限量喝酒有益健康。小明，你说对吧？

这个……也对，也不对……

你这孩子，到底对不对？

建议控制在30毫升以内，但是这个量对健康也是有害的。

小明说得没错！一定要饮酒的话，建议不超过30毫升（高度白酒）。

不是说适量饮酒有益健康吗？之前还有不少红酒在这样宣传。

红酒确实有一些有益健康的成分，但和酒精的害处比起来就微不足道了。酒的主要化学成分是乙醇（酒精），多量饮用可引起肝脏损伤，同时也是胎儿酒精综合征、痛风、部分癌症和心血管疾病等发生的重要危险因素，任何形式的酒精对人体都无益。

还是王医生讲得明白，我需要学习的内容还很多。

小明能记住喝多少酒都对健康无益这个知识点就已经很好了。

谢谢王医生夸奖。

刚才提到的30毫升高度酒，是对有喝酒意愿的成年人的限制，按照等量的15克酒精换算，高度白酒（52度左右）不超过30毫升，一般白酒（38度左右）不超过50毫升，葡萄酒不超过150毫升，啤酒不超过450毫升。虽然有这个限量，但我们依然建议能够不喝就尽量不喝。

那小孩子也是这个限量吗？

小明

王医生

不是的，我讲的那些限量都是针对健康成年人的，你不能喝！儿童、青少年、孕妇、乳母、慢性病患者等特殊人群都不应该喝酒。

每日笔记

按照等量的15克酒精换算，高度白酒（52度左右）不超过30毫升，一般白酒（38度左右）不超过50毫升，葡萄酒不超过150毫升，啤酒不超过450毫升。

任何形式的酒精对人体都无益！

红皮鸡蛋更有营养吗

小明

奶奶，为什么我吃的鸡蛋跟您吃的颜色不一样啊？

奶奶

小明，你吃的是红皮鸡蛋，奶奶专门给你买的！这个红皮鸡蛋最有营养了，你看它蛋黄又红又大。

小明

奶奶，蛋黄不好吃，有一股腥味儿，而且还噎人。

你呀！自己不吃也别扔啊！多浪费啊！

奶奶

妈妈

妈，他不吃蛋黄，您也别帮着吃，蛋黄里的胆固醇很高，吃了不健康。

行行行！你们年轻人理由就是多，我小时候想吃都没有！

奶奶

良"食"益友——食品安全与营养知识那些事儿

李医生

人们对于鸡蛋的认识一直存在不少误区。

蛋壳的颜色主要是由一种称为卵壳卟啉的物质决定的。有些鸡体内可产生卵壳卟啉,因而蛋壳可呈浅红色;有些鸡,如来航鸡、白洛克鸡和某些养鸡场的鸡不能产生卵壳卟啉,因而蛋壳呈现白色。

鸡蛋的颜色完全是由遗传基因决定的,和鸡蛋营养素含量关系不大。

我们来看表2-1中的数据对比。

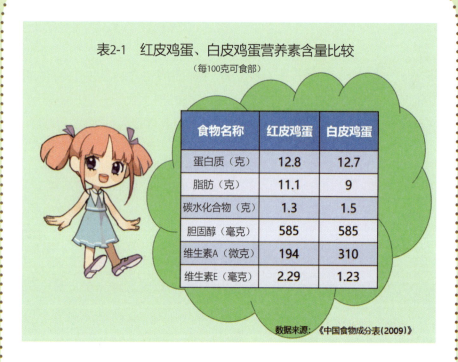

表2-1 红皮鸡蛋、白皮鸡蛋营养素含量比较

(每100克可食部)

食物名称	红皮鸡蛋	白皮鸡蛋
蛋白质（克）	12.8	12.7
脂肪（克）	11.1	9
碳水化合物（克）	1.3	1.5
胆固醇（毫克）	585	585
维生素A（微克）	194	310
维生素E（毫克）	2.29	1.23

数据来源:《中国食物成分表(2009)》

无论是蛋白质、脂肪、碳水化合物这些营养素,还是维生素等,两者的区别其实并不大。

因此,在选购鸡蛋时无须注重蛋壳的颜色。

原来是这样呀！我还一直以为红皮的鸡蛋更有营养呢！

奶奶

奶奶，我们得相信科学啊！

小明

李医生

小明说得对，我们应该相信科学研究和数据。

建议每人每天吃一个鸡蛋，并且蛋白、蛋黄都要吃。有科学研究表明，蛋黄是营养价值很高的食物。蛋黄还有丰富的蛋白质和脂肪，蛋白质含量约15%，脂肪含量为20%~30%，其中的卵磷脂具有降低血清胆固醇的效果，并能促进脂溶性维生素的吸收。

表2-2　鸡蛋黄和鸡蛋清营养素含量比较

（每100克可食部）

食物名称	蛋黄	蛋清
蛋白质（克）	15.2	11.6
脂肪（克）	28.2	0.1
胆固醇（毫克）	1510	0
维生素A（微克）	438	0
钙（毫克）	112	9

数据来源：《中国食物成分表(2009)》

至于胆固醇，其实人体每天自身合成胆固醇的量要远远大于通过膳食摄入的量，大部分健康机体都能有效地调节体内胆固醇的平衡。

对于健康的人来讲，每天吃一个鸡蛋，对血清胆固醇水平影响很小，而其带来的营养效益远高于其所含有的胆固醇对人体的不良影响。

李医生讲得真好！
小明啊，你听到了吗？蛋黄可不能扔哦！

好的，奶奶，我知道了！
您也别专门给我买红皮鸡蛋了，我们都吃一样的啊！

白皮鸡蛋和红皮鸡蛋的营养价值是基本相同的。

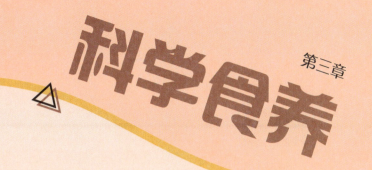

第三章

儿童、青少年生长迟缓和肥胖食养指南

王医生，这次同学们体检结束，我们班的同学情况怎么样啊？那几个个头矮小的同学到底达不达标啊？

刘老师

王医生

你们班确实有几个个头比较矮小的同学。如果儿童身高低于同年龄、同性别的正常身高标准参照值，一定不能大意，可能是生长迟缓，也可能是由于膳食营养失衡或者营养不良造成的。

目前，儿童、青少年生长迟缓主要是依据《7岁以下儿童生长标准》（WS/T 423）、《学龄儿童青少年营养不良筛查》（WS/T 456）来判断。

看来确实有几个同学属于生长迟缓了，有什么方法改善一下啊？

刘老师

王医生

儿童、青少年出现生长迟缓，常常与不合理膳食结构、不良饮食行为有密切关系。2023年国家卫生健康委员会印发了《儿童青少年生长迟缓食养指南（2023年版）》（以下简称《指南》）。指南针对儿童生长迟缓提出了具体的日常食养原则和建议，希望能帮助儿童、青少年养成健康饮食习惯，从而改善其营养状况，最终达到降低儿童、青少年生长迟缓率的目的。

儿童、青少年生长迟缓食养原则和建议

图片来源于国家卫生健康委办公厅发布的
《儿童青少年生长迟缓食养指南（2023年版）》

对于生长迟缓的儿童怎么吃，《指南》提出了具体的一些建议。

第一，食物多样，满足生长发育需要。每天所摄取的食物种类达到12种以上，每周达到25种以上。每餐要包括谷薯类、果蔬类、畜禽鱼蛋、奶和大豆等食物中的3类及以上。适当增加瘦肉、水产品、禽类、蛋类、大豆等富含优质蛋白质的食物，多吃新鲜蔬菜、水果。每天食用奶及奶制品等富含钙的食物，同时注意补充富含维生素D的食物。可在医师或营养师的指导下补充维生素D。同时增加动物肝脏、动物血等富含铁的食物。此外，日常膳食也要满足机体对锌、

碘、维生素 A、维生素 B12、叶酸、维生素 C 等微量营养素的需求。

第二，因人因地因时食养，调理脾胃。在平衡膳食基础上，遵循中医食养原则，以健脾增食为总体原则，根据不同症状，采取不同的食养方法，膳食中加入适宜的食药物质，丰富儿童、青少年的食谱，改善消化吸收功能。

第三，合理烹调，培养健康饮食行为。为儿童、青少年提供卫生、新鲜的食物，多选性质平和、易于消化、健脾开胃的食物。合理烹调，宜采用蒸、煮、炖、煨等烹饪方式，少用油炸、烧烤、腌渍等方式。营造温馨的进餐环境，引导儿童专心进食，做到不挑食、不偏食，合理选择零食。足量饮水，不喝含糖饮料。

第四，开展营养教育，营造健康食物环境。学习营养健康和传统食养的知识及技能，培养良好的饮食习惯，有利于促进营养健康状况。

第五，保持适宜的身体活动，关注睡眠和心理健康。保持适宜的身体活动，不仅可增强食欲，促进胃肠蠕动，改善消化功能，还能促进骨骼和肌肉的生长发育，有助于身高增长。另外还要保证充足睡眠和心理健康。

第六，定期监测体格发育，强化膳食评估和指导。对于长期生长发育不理想、改善效果不明显或疾病原因导致生长迟缓的儿童、青少年，应到医院就诊。

这么详细的内容那得好好学学了，还要转发给学生家长一起学习。

刘老师

王医生

是啊，需要学校和家长共同关注。
此外，这次体检还发现班上有几个偏胖的同学。

刘老师

针对偏胖的同学是不是也有食养指南啊？

王医生

针对儿童、青少年膳食营养相关的原发性肥胖，2024年国家卫生健康委员会正式出台《儿童青少年肥胖食养指南》（以下简称《指南》），为肥胖儿童提供肥胖食养基本原则和食谱示例。

儿童、青少年肥胖食养原则和建议

图片来源于国家卫生健康委办公厅发布的《儿童青少年肥胖食养指南（2024年版）》。

这个《指南》根据营养科学理论、中医理论和儿童、青少年生长发育特点，在专家组共同讨论并建立共识的基础上，对儿童、青少年肥胖的日常食养提出六条原则和建议。

1. 小份多样，保持合理膳食结构

选择小份量的食物以实现食物多样，根据不同年龄儿童、青少年能量的需要量，控制食物摄入总量。减少油炸食品、甜点、含糖饮料、糖果等高油、高盐和高糖及能量密度较高的食物的摄入。

2. 辨证施食，因人因时因地制宜

肥胖儿童、青少年食养要从中医整体观、辩证观出发，遵循首重脾胃的原则，兼顾并发症，因人因时因地施食。

3. 良好饮食行为，促进长期健康

一日三餐应定时定量，不可暴饮暴食，用餐时长适宜，早餐约 20 分钟，午餐或晚餐约30分钟，晚上9点以后尽可能不进食。进餐时建议先吃蔬菜，然后吃鱼、禽、肉、蛋及豆类，最后吃谷薯类。不喝含糖饮料，足量饮用清洁、卫生的白开水，少量多次。

4. 积极身体活动，保持身心健康

运动应遵循循序渐进的原则，从每天20分钟中高强度身体活动开始，逐渐增加到每天 20~60 分钟，并养成长期运动的习惯。超重或肥胖儿童、青少年每周至少进行 3~4 次、每次 20~60 分钟的中高强度运动（如快走、骑车、游泳、球类运动等），包括每周至少 3 天强化肌肉力量和（或）骨健康的高强度/抗阻运动，如跳绳、跳远、攀爬器械、弹力带运动等。

5. 多方合作，创造社会支持环境

通过多种途径开展营养教育，避免肥胖歧视。

6. 定期监测，科学指导体重管理

肥胖儿童、青少年要在医生或营养指导人员的指导下进行体重管理，每周测量1次身高和晨起空腹体重。对于疾病原因导致的肥胖，需要及时治疗相关疾病。单纯性肥胖不建议进行药物和手术治疗；若重度肥胖或伴有其他代谢性疾病可以进行多学科协作下的临床治疗。

总之，孩子无论是生长迟缓还是肥胖都不是小事，学校和家长都应充分重视，采取有效措施尽早干预。

每日笔记

儿童、青少年生长迟缓食养原则和建议

❶ 食物多样，满足生长和发育需要。

❷ 因人因地因时食养，调理脾胃。

❸ 合理烹调，培养健康饮食行为。

❹ 开展营养教育，营造健康食物环境。

❺ 保持适宜的身体活动，关注睡眠和心理健康。

❻ 定期监测体格发育，强化膳食评估和指导。

儿童、青少年肥胖食养原则和建议

❶ 小份多样，保持合理膳食结构。

❷ 辨证施食，因人因时因地制宜。

❸ 良好饮食行为，促进长期健康。

❹ 积极身体活动，保持身心健康。

❺ 多方合作，创造社会支持环境。

❻ 定期监测，科学指导体重管理。

成人糖尿病和高血压食养指南

李医生，最近我刚刚被确诊为糖尿病，我想知道，除了服药，我还应该做些什么？

奶奶

李医生

除了用药物控制血糖外，还要做好膳食管理，进行适度的运动。事实上，糖尿病的危险因素多与不合理膳食相关，包括长期高糖、高脂肪、高能量膳食等。纠正不良的生活方式，践行合理膳食，积极运动，这些是预防和控制糖尿病发生、发展的有效手段。

合理膳食怎么才能做到？

奶奶

成人糖尿病患者食养原则和建议

自我管理
定期营养咨询,提高血糖控制能力

食物多样
养成和建立合理膳食习惯

规律进餐
合理加餐,
促进餐后血糖稳定

能量适宜
控制超重肥胖和
预防消瘦

食养有道
合理选择应用
食药物质

成人糖尿病患者
食养原则和建议

主食定量
优选全谷物和
低血糖生成指数食物

清淡饮食
限制饮酒,预防和延缓并发症

积极运动
改善体质和胰岛素敏感性

图片来源于国家卫生健康委办公厅发布的《成人糖尿病食养指南(2023年版)》

李医生

　　注重食物多样性,每天摄取食物种类达到12种,每周不少于25种。每餐的主食要定量,多选择全谷物和低血糖生成指数食物,其量应占每日主食总量的1/3以上;还要多吃蔬菜,每天都要吃到500克,其中深色蔬菜占一半以上;水果要限量;每天要饮奶;大豆、鱼、禽、蛋和瘦肉也不可少,肥肉一定要少吃。此外,还要注意控制盐、糖和油的使用量。每日食盐用量不宜超过5克,烹调油使用量不超过25克。足量饮用白开水,不喝含糖饮料。

　　知道了,谢谢李医生!

奶奶

李医生

除了合理膳食，适当的运动也是非常有必要的。运动可以消耗能量，改善骨骼肌细胞的胰岛素敏感性，平稳血糖；抗阻运动还有助于增加肌肉量。

我有时候吃完饭会出去散散步，这样可以吗？

奶奶

李医生

餐后运动这是可以的，但是我们的运动不能只是动起来，它一方面需要有一定的运动时间，每周至少运动5天，每次30~45分钟。另一方面还需要一定的运动量，中等强度的运动要占50%以上；最好一周再加2次抗阻运动，如哑铃、俯卧撑、器械类运动等，以提高肌肉力量和耐力。

什么样的运动可以达到中等强度？

奶奶

李医生

运动的强度可以用心率或自我感知的疲劳程度来衡量。通常中等强度的运动最大心率要达到60%~80%（最大心率可以用"220-年龄"来计算），或者自觉疲劳程度或用力程度为"有点费劲，或者有点累"，比如快走、骑车、乒乓球、羽毛球、慢跑和游泳等。

我懂了，以后散步的时候要走快一点，不能像以前一样慢慢走。

奶奶

李医生

对的。

我看您的体检报告显示体重有点超标，得减啊，不然血糖可能不好控制！

这样啊，那从今天开始，晚上我就不吃饭了，我就不信减不下来。我年轻时可才80斤，我一定要在一个月内瘦下来。

奶奶

李医生

这可万万不行啊。糖尿病患者膳食管理最重要的就是要规律进餐，定时定量，切不可随意增加或减少餐次。尽管减重的核心是控制膳食能量，但是每位糖尿病患者的能量需求都是不一样的。每个人的能量需求水平会因自身的血糖变化而不同，因此建议您到社区卫生服务中心来，我们会帮助您计算全天的能量摄入量和运动量，制定个性化的膳食管理、血糖和体重控制方案，我国成年人健康体重的体质指数（BMI）应保持在18.5~23.9千克/平方米，老年人可提高至20.0~26.9千克/平方米。体重也不能一下子减得太快，最好保持每个月减少1~2千克的速度，3~6个月减少体重5%~10%。

明白了，谢谢李医生。李医生，我的老伴患有高血压已经多年了，他在饮食上需要注意什么呢？

奶奶

是啊，我有高血压好多年了。

爷爷

李医生

　　首先，需要注意的就是要减少食盐摄入量，每日食盐摄入量控制在5克以内。这里的食盐不只包括我们的精制盐，还包括酱油、鸡精、味精、咸菜、咸肉等含盐量较高的调味品和加工食品。其次，要增加膳食中钾和钙的摄入量，富钾食物包括新鲜蔬菜、水果和豆类，奶及奶制品中钙的含量丰富。第三，要注意限制膳食中脂肪和胆固醇的摄入量，包括油炸食品和动物内脏；少吃加工红肉制品，如培根、香肠、腊肠等。第四，建议戒烟限酒。要知道，即使少量饮酒也会对健康造成不良影响，过量饮酒则会显著增加高血压的发病风险，且其风险随着饮酒量的增加而增加。第五，除了以上我们特别需要的一些食物，我们平日的饮食还需要遵循合理膳食的原则，丰富食品的种类，合理安排一日三餐，这与刚刚给您的建议是一致的。

成人高血压患者食养原则和建议

图片来源于国家卫生健康委办公厅发布的《成人高血压食养指南（2023年版）》

李医生，如果我还想知道一些关于防治糖尿病和高血压的食养建议，我可以去哪儿查找呢？

奶奶

李医生

2023年国家卫生健康委员会发布了《成人糖尿病食养指南》和《成人高血压食养指南》，里面有详细的食养原则和建议，内容涵盖了食物选择、食谱示例、不同证型推荐的食药物质，以及各类食物的血糖生成指数（GI）分类和常见食物交换表等，您可以参考一下。

成人糖尿病食养原则和建议

1 食物多样，养成和建立合理膳食习惯。

2 能量适宜，控制超重肥胖和预防消瘦。

3 主食定量，优选全谷物和低血糖生成指数食物。

4 积极运动，改善体质和胰岛素敏感性。

5 清淡饮食，限制饮酒，预防和延缓并发症。

6 食养有道，合理选择应用食药物质。

7 规律进餐，合理加餐，促进餐后血糖稳定。

8 自我管理，定期营养咨询，提高血糖控制能力。

成人高血压食养原则和建议

1 减钠增钾，饮食清淡。

2 合理膳食，科学食养。

3 吃动平衡，健康体重。

4 戒烟限酒，心理平衡。

5 监测血压，自我管理。

成人高脂血症和痛风食养指南

王医生，我的血怎么是白的？

哎哟，你这明显是血液里的油脂太多了呀，多半是高脂血症。你平时都是怎么吃的？

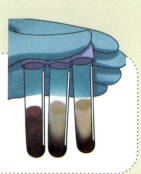

我喜欢吃肉，尤其是肥肉，还喜欢吃甜品、喝饮料。

王医生

　　高脂血症的发生多与不合理膳食相关，尤其是过量的饱和脂肪酸或反式脂肪酸的摄入。过多的高胆固醇食物和过量的糖分摄入也可能导致血脂异常。

王医生，那我在饮食上具体应该注意些什么呢？

爸爸

王医生

　　首先，要做到食物多样、营养均衡。应重点关注脂肪摄入，脂肪供能不超过总能量的20%～25%，每日烹调油不超过25克；避免动物油等饱和脂肪酸的摄入，少吃动物内脏等胆固醇含量高的食品，多选择富含n-3多不饱和脂肪酸的食物，如深海鱼、鱼油。选择富含膳食纤维的碳水化合物，如全谷物、杂豆和蔬菜，每日饮食应包含25～40克膳食纤维（其中7～13克水溶性膳食纤维）。宜选择大豆蛋白等植物蛋白，适当摄入动物蛋白，包括瘦肉、去皮禽肉、鱼虾类和蛋类，奶类宜选择脱脂或低脂牛奶等。其次，避免过度加工食品，烹饪方法可选择蒸、煮、氽、拌等方式，注意清淡饮食，少盐少糖。最后，在合理膳食的基础上，可针对不同证型选用食药物质和食养方案。

成人高脂血症食养原则和建议

会看慧选,科学食养,适量食用食药物质

吃动平衡,保持健康体重

因地制宜,合理搭配

调控脂肪,少油烹饪

成人高脂血症食养原则和建议

食物多样,蛋白质和膳食纤维摄入充足

因时制宜,分季调理

因人制宜,辨证施膳

少盐控糖,戒烟限酒

图片来源于国家卫生健康委办公厅发布的《成人高脂血症食养指南（2023年版）》

王医生,你刚刚说要多吃大豆和鱼、虾,可是我还有痛风呢,怎么办?

爸爸

王医生

痛风啊,那鱼、虾确实要少吃,可以多吃大豆或豆制品。尽管大豆嘌呤含量略高于瘦肉和鱼类,但植物性食物中的嘌呤人体利用率低,而且豆腐、豆干等豆制品在加工后嘌呤含量有所降低,是可以适量食用的。你刚

王医生

刚说喜欢吃甜品，这个要控制了。首先，甜食吃多了容易长胖，肥胖会增加高尿酸血症人群发生痛风的风险；其次，甜食尤其是含糖饮料，大多会添加果葡糖浆等含果糖的配料，而果糖可诱发代谢异常，并引起胰岛素抵抗，具有潜在诱发尿酸水平升高的作用，因此应予以限制。除了甜品，鲜榨果汁、果脯蜜饯等含果糖也较高，也应限制食用。

成人**高尿酸血症**及**痛风**的食养原则和建议

食物多样，限制嘌呤

蔬奶充足，限制果糖

因地因时，择膳相宜

足量饮水，限制饮酒

辨证辨体，因人施膳

成人高尿酸血症及痛风
食养原则和建议

吃动平衡，健康体重

科学烹饪，少食生冷

图片来源于国家卫生健康委办公厅发布的《成人高尿酸血症与痛风食养指南（2024年版）》

限制果糖？那岂不是水果也不能吃了？

爸爸

尽管水果中含有果糖，但水果中的维生素 C、黄酮、多酚、钾、膳食纤维等营养成分可改变果糖对尿酸的影响作用，因此水果的摄入量与痛风无显著相关性。建议每天水果摄入量 200～350克。

王医生，我还有哪些食品不能吃呢？

肥肉最好戒了，动物内脏（如肝、肾、心等）应尽量避免选择。我这里有一个表（见表3-1），对常见食物按嘌呤含量进行了分类，你可以看看。另外，平日的烹饪方式也很重要，要少盐少油、清淡饮食；减少油炸、煎制、卤制等烹饪方式，肉类最好余煮后食用，尽量不喝汤。生冷食物也要少吃。酒最好也不要喝了，尤其是痛风急性发作，药物控制不佳或患上慢性痛风性关节炎后则更应禁酒。

谢谢您，王医生！我总结了一下，您看我说得对不对。食物选择的原则是：食物多样，营养均衡，并严格控制膳食中嘌呤的含量；多吃全谷物和蔬菜；适量吃水果、瘦肉和鸡蛋；严格限制肥肉、高胆固醇及含反式脂肪酸的食物；每天要喝奶，选择脱脂或低脂奶；豆制品可以适量食用；鱼、虾要少吃；不吃甜品，尤其不喝含糖饮料；不饮酒；不吃生冷食品；饮食要清淡，少油，少盐，少糖。

表3-1　常见食物按嘌呤含量分类（单位：毫克/100克）

嘌呤含量	分类	食物举例
150~1 000	第一类（高嘌呤）	肝、肾；海苔、紫菜（干）；鲭鱼、贻贝、生蚝、海兔、鱿鱼等
75~150	第二类（较高嘌呤）	牛肉、猪肉、羊肉；兔、鸭、鹅；鲤鱼、比目鱼、草鱼等
30~75	第三类（较低嘌呤）	大米、燕麦、荞麦；豆角、菜花；香菇（鲜）、金针菇（鲜）、口蘑（鲜）等
30	第四类（低嘌呤）	马铃薯、甘薯；胡萝卜、油菜、生菜、竹笋；水果类；奶及奶制品等

分类依据《中国营养科学全书》第2版

王医生

　　总结得非常好！再补充一点，每天要足量饮水。定时、规律性饮水可促进尿酸排泄，因此高尿酸血症与痛风人群，在心、肾功能正常情况下建议每天饮水2 000~3 000毫升。尽量维持每天尿量大于2 000毫升。优先选用白开水，也可饮用柠檬水、淡茶、无糖咖啡及苏打水，但应避免过量饮用浓茶、浓咖啡等，避免饮用生冷饮品。

　　谢谢王医生！

爸爸

王医生

　　不客气！不过，我刚刚只是讲了个大概内容，具体的食养建议你可以查看国家卫生健康委员会于2023年发布的《成人高脂血症食养指南》，以及2024年发布的《成人高尿酸血症与痛风食养指南》，里面的内容涵盖了食物选择、食谱示例、不同证型推荐的食药物质，以及常见食物嘌呤含量和食物交换表等，你可以作为一个工具书备着，以后不知道怎么选择食物了就翻看翻看。

每日笔记

成人高脂血症食养原则和建议

❶ 吃动平衡，保持健康体重。

❷ 调控脂肪，少油烹饪。

❸ 食物多样，蛋白质和膳食纤维摄入充足。

❹ 少盐控糖，戒烟限酒。

❺ 因人制宜，辨证施膳。

❻ 因时制宜，分季调理。

❼ 因地制宜，合理搭配。

❽ 会看慧选，科学食养，适量食用食药物质。

成人高尿酸血症与痛风食养原则和建议

1 食物多样，限制嘌呤。

2 蔬奶充足，限制果糖。

3 足量饮水，限制饮酒。

4 科学烹饪，少食生冷。

5 吃动平衡，健康体重。

6 辨证辨体，因人施膳。

7 因地因时，择膳相宜。

成人慢性肾脏病食养指南

王医生，您好！我的朋友孙大爷最近被诊断患有慢性肾脏病，他很担心。那么患了慢性肾脏病该注意什么呢？

爷爷

王医生

慢性肾脏病是指肾脏的结构或功能异常，病程较长，可能会逐渐进展到肾衰竭。它的常见原因包括高血压、糖尿病、肾小球肾炎等，饮食习惯、生活方式等也会对这个疾病产生影响。

那就是说，生活中要注意饮食和生活方式。

爷爷

王医生

那是当然。

国家卫生健康委员会专门发布了《成人慢性肾脏病食养指南（2024年版）》供大家参考和实施。

那请王医生稍等一下，我叫上大伙一起来学习。

爷爷

王医生

慢性肾脏病患者的食养方法：第一条，要做到食物多样，分期选配。食物要多样化，每天要吃12种以上的食物，每周要吃25种以上的食物，保证营养均衡。

建议以植物性食物为主，餐餐有蔬菜，其中一半以上选择深色蔬菜，如茄子、西兰花、甘蓝等；水果应适量；常吃奶类、大豆及其制品，适量吃鱼、禽、蛋、畜肉；尽量不吃烟熏、烧烤、腌制等加工食品。同时，在日常饮食中还应注意低盐、少调味品、戒烟限酒或不饮酒，限制或禁食浓肉汤。

我发现有些患病的人越来越瘦，是不是营养不良了？这跟饮食有关系吗？

爷爷

成人**慢性肾脏病**的食养原则和建议

- 食物多样,分期选配
- 定期监测,强化自我管理
- 规律进餐,限制饮酒,适度运动
- 合理选择营养健康食品,改善营养状况
- 合理选择食药物质,调补有道
- 适量饮水,量出为入
- 少盐控油,限磷控钾
- 蔬菜充足,水果适量
- 蛋白适量,合理摄入鱼、禽、豆、蛋、奶、肉
- 能量充足,体重合理,谷物适宜,主食优化

成人慢性肾脏病食养原则和建议

图片来源于国家卫生健康委办公厅发布的《成人慢性肾脏病食养指南(2024年版)》

王医生

确实,慢性肾脏病患者容易出现营养不良。现在就要讲到我们食养原则的第二条:能量充足,体重合理,谷物适宜,主食优化。

慢性肾脏病患者容易出现营养不良,所以要保证充足的能量摄入,同时要合理控制体重,避免超重或肥胖。

主食要以谷薯类为主,可选择淀粉含量高、蛋白质含量低的食物,如红薯、土豆、木薯、山药、芋头、绿豆粉丝等。

体重多少才是合理的呢？身高172厘米，体重82千克，算正常的吗？

爷爷

王医生

我们一般用体质指数（BMI）来判断体重是否适宜，BMI=体重（kg）÷身高（m）^{2}。对于健康成年人体重范围参考如下：

（BMI<18.5），体重过低；

（18.5≤BMI<24.0），体重正常；

（24.0≤BMI<28.0），超重；

（BMI≥28.0），肥胖；

≥65岁老年人可提高至 20.0~26.9千克/平方米。

你的BMI=82÷1.72÷1.72=27.7千克/平方米，属于超重了，得减重哦。

听说，得了慢性肾脏病以后就不能吃肉了，否则就会增加肾脏负担。

爷爷

王医生

这种说法肯定不正确啊。在慢性肾脏病的食养中要做到蛋白适量，合理摄入鱼、禽、豆、蛋、奶、肉。

动物性食物富含蛋白质，过多地摄入的确会增加肾脏负荷，但这并不意味着不能吃肉，因为肉类能够为身体提供蛋白质，补充矿物质以及B族维生素，是其他食物无法替代的。

王医生

对于吃肉，慢性肾脏病患者要做到低蛋白质、优质蛋白质饮食，蛋白质吃得少是基础，但其中优质蛋白质占总蛋白质的比例要高。

所谓优质蛋白质就是指那种氨基酸种类和数量与人体蛋白质的氨基酸种类和数量相似的蛋白质，这样的蛋白质营养价值高，典型代表如鸡蛋、肉、奶、大豆及其制品。

我们要学会正确地吃肉，肉类只选瘦肉的部分，而肥肉、肉皮、内脏、猪蹄等不含优质蛋白质，且脂肪和胆固醇较高，肉汤中嘌呤含量也较高，不建议食用。

患了慢性肾脏病的人好像不敢大胆地吃水果和蔬菜了，那么水果、蔬菜到底该如何吃？

爷爷

王医生

关于蔬菜和水果，要做到蔬菜充足，水果适量。

蔬菜和水果含有丰富的维生素、矿物质、膳食纤维等，对维持健康很重要。

蔬菜每日达到300~500克，水果200~350克，糖尿病、肾脏病患者每日水果摄入量可减至100~200克。有水肿或高钾血症时需要根据蔬果的含水量和含钾量谨慎选择，蔬菜推荐清水浸泡并弃水弃汤后进食。

还要少吃盐和油，对吗？

爷爷

王医生

没错！高盐和高脂肪的饮食都会加重肾脏的负担，要做到少盐控油，限磷控钾。

（1）控制盐的摄入量，有利于控制血压和水肿。

每日盐摄入量不超过5克，限制酱油、鸡精、各种酱料等调味品的摄入。水肿的慢性肾脏病患者每日盐摄入量应更低。

（2）控制油脂的摄入量，避免增加体重和血脂。

每日烹调油摄入量为25~40克。

（3）限制饮食中磷的摄入量，防治高磷血症。

膳食磷摄入量不超过800~1000毫克。在实施低蛋白饮食的同时，多选用磷/蛋白质含量比值低的食物，比如鸡蛋的蛋白，鸡、鸭的胸脯肉，还有鸡腿、瘦肉等。

（4）控制饮食中钾的摄入量，防治高钾或低钾血症。

每日钾摄入量不超过 2000 ~ 3000毫克。严格控制高钾食物摄入，如蚕豆、赤小豆、豌豆、冬菇、竹笋、紫菜等，避免摄入浓肉汤和菜汤。

都说喝水对身体好，是不是多喝点水有利于控制慢性肾脏病？

爷爷

王医生

水的摄入量不是越多越好，而是要适量饮水，量出为入。无水肿且尿量正常的慢性肾脏病患者，每日饮水量1500~1700毫升；有水肿或尿量较少以及血透期患者，则需要根据实际情况计算饮水量。

有人说，多吃点黄精、山药等食药物质可以补肾，有没有依据哦?

爷爷

王医生

注意! 要合理选择食药物质，调补有道。

应该因人制宜、因时制宜、因地制宜，在专业人士的指导下选择食药物质。

孙大爷最近感觉有点疲惫，他怀疑是营养没跟上，打算选一些补品，王医生，您的建议呢?

爷爷

王医生

慢性肾脏病患者易出现营养不良，应该合理选择营养健康食品，改善营养状况。

慢性肾脏病患者易缺乏微量营养素，如 B 族维生素、维生素 D、钙、铁、锌等，有些患者实施低蛋白饮食不当，也易导致营养不良，常表现为体重下降、水肿、消瘦、肌肉减少等。

慢性肾脏病患者应定期进行营养评定和监测，并由临床营养师或医生对其进行营养指导，必要时给予营养健康食品，如膳食营养补充剂、肾病型能量补充剂等，以纠正或预防营养不足。

王医生

患了慢性肾脏病是不是就跟喝酒无缘了？还能不能去健身房锻炼呢？

爷爷

在生活中，应规律进餐，限制饮酒，适度运动。

慢性肾脏病患者应定时进餐，加餐宜以水果、薯类等食物为主。限制饮酒，尽量少饮酒或不饮酒。每周可进行3~5次运动，每次进行30~60分钟中等强度运动，如快走、慢跑、游泳等，也可适当选择如哑铃、俯卧撑等抗阻运动。

王医生

还有哪些需要注意的呢？

爷爷

要定期监测，强化自我管理。

慢性肾脏病患者应每日监测血压、体重、尿量等，每周记录饮食情况，定期进行营养管理。此外，患者需要重视、学习慢性肾脏病相关知识和自我管理技能，并融入日常生活。

王医生

这么多要注意的啊，感觉大家有些记不住了。

爷爷

王医生

在饮食方面要注意的地方确实很多，《成人慢性肾脏病食养指南》里还有详细的食谱供大家参考。

我把刚才聊到的慢性肾脏病患者的饮食原则总结一下，一共有十条，咱们多熟悉一下。

每日笔记

成人慢性肾脏病食养原则和建议

❶ 食物多样，分期选配。

❷ 能量充足，体重合理，谷物适宜，主食优化。

❸ 蛋白适量，合理摄入鱼、禽、豆、蛋、奶、肉。

❹ 蔬菜充足，水果适量。

❺ 少盐控油，限磷控钾。

❻ 适量饮水，量出为入。

❼ 合理选择食药物质，调补有道。

❽ 合理选择营养健康食品，改善营养状况。

❾ 规律进餐，限制饮酒，适度运动。

❿ 定期监测，强化自我管理。

考期营养注意事项

李医生

　　随着考试临近，紧张的学习气氛渐浓。为了保证考生们在考场上能发挥出色，不少家长朋友在后勤保障上可谓使出了全力，动足了脑筋。

　　今天，我们就来聊聊如何科学地为考生做好考期营养保障。

平衡膳食是总原则

《中国居民膳食指南（2022）》以及《中国学龄儿童膳食指南（2022）》是保证考生身体健康应当遵循的总原则。

日常饮食要做到以下几点：
食物多样，谷类为主。
多吃蔬果、奶类、大豆。
适量吃鱼、禽、蛋、瘦肉；少盐少油。
三餐合理，规律进食，培养健康饮食习惯。
合理选择零食，足量喝水，不喝含糖饮料。
不偏食、节食，不暴饮暴食，保持适宜体重增长。

不要刻意改变饮食习惯

身体对饮食习惯的适应是一个长期的过程，突然地改变饮食习惯会造成身体不适，就算学生平时饮食习惯不好，也不要在考期"大刀阔斧"地纠正。

图片来源于中国营养学会

快考试了，儿子多吃点！

……吃得我想吐

如果考生平时不喜欢喝牛奶，那么最近也不是非喝不可；如果考生一直都有些偏食，不爱吃蔬菜，那么最近就不要非逼着他吃大量的蔬菜；如果考生长期肥胖，那么这些天也就不要节食减肥了。

平时孩子没吃过的东西，或者是吃了之后有不良反应的食物，无论多美味、多有营养，都尽量不要给孩子吃，避免引起食物过敏和食物不耐受。别说是全身起疹子后瘙痒难耐，就算是肚子微胀气，也会影响考试时孩子的注意力。

减少在外就餐次数

一日三餐最好由家长亲自选购食物烹制。考期处于夏季，细菌的繁殖速度非常快，小摊小贩及不正规的餐馆食品卫生问题多发。凉菜中大肠菌群超标的情况十分常见，热菜中的原料也有变质的可能。如果一定要在外就餐，尽量不要点凉菜，降低食品安全风险。

注意家中食品安全问题

在家里吃饭，一定要注意储藏和烹调中的安全问题。菜板、菜刀、碗筷等一定要生熟分开，接触了生肉、生鸡蛋壳之后，手一定要洗干净才能处理其他食物。

食物吃不完要及时冷藏保存，冷藏室要做到生熟分开。从冰箱拿出来后必须彻底加热再吃。冷冻室也不能忽视，冰淇淋、雪糕等直接入口的冷食，绝对不能和生鱼、生肉放在同一层。

科学补脑

　　补脑是一种通俗的说法。从营养学的角度看，有些营养素（如蛋白质、碳水化合物、磷脂、维生素A、维生素C、B族维生素和铁、锌等）对维持大脑良好的工作状态的确非常重要。

　　因此，适当选择富含上述营养素的食物〔如鸡蛋、牛奶、瘦肉、鱼虾类、粗杂粮、豆类和坚果（如核桃、杏仁、花生、榛子等）以及新鲜蔬菜、水果等〕是必要的，但前提一定是建立在平衡膳食的基础上。

保持血糖稳定

　　高强度备考状态下，大脑活动所需的能量增加，而能量主要来自血糖的不断供应。过于精细的食物容易造成血糖大幅波动，从而影响大脑的活动。

　　要想稳定血糖，让能量在两餐之间稳定地释放出来，须注意高蛋白食物和坚果配合主食一起吃。

　　例如早餐，先喝一杯浓豆浆或牛奶（前提是没有乳糖不耐受和胀气问题），吃两个菜包子（其他主食亦可），加一个鸡蛋，早餐质量就非常好了。

　　有些考生不吃早餐或吃得很少，会造成低血糖，出现心慌、出汗、面色苍白、虚脱等现象，严重时还有意识障碍。因此，考生一定要吃好早餐，绝不可空腹参加考试。

　　早餐蔬菜摄入不足，午餐时可先吃一碗蔬菜（比如各种绿叶菜以及蘑菇类），再用其他蔬菜和高蛋白的鱼、肉、蛋类配合米饭、馒头等主食一起吃，能更好地维持血糖的正常水平，让大脑在下午有持续的能量供应。

多喝水

身体需要及时补充足量水分，足量水分能保障大脑迅速恢复清醒状态，提高学习能力，例如白开水、绿豆汤等，但要注意避免喝糖分高及含酒精的饮品。少量多次饮水，可以在每个课间喝100~200毫升的水，不要感到口渴时再喝。

保证良好的睡眠

保证大脑有充分的休息时间，以最佳状态应对第二天的考试。

晚餐很重要，晚餐吃得过多、过于油腻，既不利于晚上的学习，也不利于保证良好的睡眠。

晚餐也不要吃得太少，因为那样会有饥饿感。注意烹调时要清淡少油，多吃各种蔬菜，米、面等主食减到八成，或者吃些杂粮主食，这样餐后不会昏昏欲睡。晚上如担心有饥饿感，可在9点多喝一杯酸奶当夜宵。

特别提醒

在临近大考的时候，千万不要执着于找某种通过饮食来提高智商的方法。人的智商是不会在几天内发生变化的。在现有智商水平上，饮食科学搭配、均衡摄入，通过良好的身体、情绪状态来保证最好的发挥水平，这才是明智的做法！

每日笔记

考期营养注意事项

❶ 平衡膳食是基础，但不要刻意改变饮食习惯。

❷ 减少在外就餐次数，注意家中食品安全。

❸ 多喝水，保证良好的睡眠，保持平常心。

关注运动营养

李医生

　　进行规律的身体活动，多参与户外活动，同时减少静坐及视屏时间，保证充足的睡眠，这些有助于改善学龄儿童的骨骼健康、体重状况、心肺耐力、肌力和肌耐力，保护视力，降低慢性疾病发病风险，并能提高他们的认知能力和学习成绩。

小明

　　李医生，我们之前已经学到了，保证每天至少60分钟中高强度的身体活动，同时减少静坐时间，特别是看屏幕的时间。

李医生

　　能保持60分钟的活动时间那是非常好的了！但此处的60分钟是建立在"吃动平衡"的基础上的，如果吃得过多或动得不足，多余的能量就会在体内以脂肪的形式储存下来，导致超重或肥胖；相反，若吃得过少或动得过多，会由于能量摄入不足或能量消耗过多引起体重过低或消瘦。

请问李医生，毕业班的同学在准备体能考试，每天的锻炼强度很大，锻炼时间肯定远远超过60分钟了，如果按"吃动平衡"的道理，是不是得多吃几碗饭啊？

小美

李医生

高强度运动意味着高能量消耗，能量需求增加，这不是多吃饭这么简单。为实现这一阶段的营养均衡，应摄入提供营养素的各类食材，如谷薯类、蔬菜、水果类、肉蛋奶及水产类等食物，都应成比例地增加。

蛋白质、碳水化合物、脂肪、维生素、矿物质等都要增加，李医生，你说对吗？

小美

李医生

小美说得对，各种营养素都在增加，但结合此阶段身体新陈代谢的特点和日常饮食习惯，我们尤其应该注意蛋白质和抗氧化营养素的补充。

我知道蛋白质，食物中鱼、禽、蛋、瘦肉以及奶类和大豆都可以提供优质蛋白质。

小美

李医生

是的，当学生从一般学习生活状态进入高强度锻炼阶段时，每天的蛋白质需求量可增加24克左右。从日常膳食中额外补充24克蛋白质，相当于要多吃1个鸡蛋+1盒纯牛奶+50克纯瘦肉。

得增加这么多啊！

小明

那抗氧化营养素又是哪些呢？需要如何补充啊？

小美

李医生

抗氧化营养素（如维生素A、维生素C、维生素E、硒等）可有效降低自由基对身体的损伤，加快运动后的疲劳恢复，增强运动对身体的有益作用。维生素E伴随着植物性油脂的摄入一般不易缺乏。

所以我们应该关注维生素A、维生素C以及硒的补充，对吗？

小明

李医生

是的，如果膳食搭配不合理，这三种抗氧化剂往往容易缺乏，这一方面和日常饮食习惯有关，另一方面则是由于这些营养素在不同食材上含量差异大。由于在膳食搭配中忽略了某些优质食材，从而导致该类营养素摄入不足。

维生素A

猪肝富含维生素A，大约7.4克猪肝即可满足此阶段的学生对维生素A每天一半的需要量，是日常膳食中在维生素A方面"性价比"最高的食材。如果换成其他食物，单独提供与7.4克猪肝等量的维生素A，大约需要4个鸡蛋，1000克瘦猪肉，150克胡萝卜，200克菠菜，350克柑橘，或者1500克番茄。

膳食建议： 每周吃一次猪肝，应达到20~25克；每天吃新鲜蔬菜、水果，其中深色蔬菜及水果应占一半。

维生素C

新鲜蔬菜、水果可以提供维生素C，但不同的蔬菜和水果其维生素C含量相差甚远。有研究证明，每天从食物获取200毫克维生素C足以降低机体氧化应激，快速从运动疲劳中恢复。能提供200毫克维生素C的蔬菜、水果有100克冬枣、150克甜椒、300克猕猴桃、350克青椒、350克西兰花、400克草莓、500克卷心菜、500多克柑橘、2500克香蕉、6500克苹果。

膳食建议： 新鲜蔬菜、水果，每天应吃4种以上，每周吃10种以上。

硒

　　日常膳食中，富含硒的食物主要是动物性海产品，如带鱼、基围虾、生蚝、牡蛎等。此外，猪肾（猪腰子）更是价廉物美的富硒食品。大约50克猪肾（猪腰子）即可满足学生此阶段一天的硒元素需求。若换成其他食物来提供等量的硒元素，需要200克生蚝，200克基围虾，850克牛肉，3 500克香菇，1.6万克大白菜。

　　膳食建议： 每周吃一次火爆腰花或肝腰合炒等，每周吃两次动物性海产品。

　　火爆腰花、肝腰合炒，爸爸妈妈说这些菜都是高油、高盐食物，平时很少给我们吃的。

小明

李医生

对于一般的身体活动来说，这些可能确实是高油、高盐，但高强度运动期间，能量需求增加，同时大量出汗伴随着矿物质等营养素的消耗和丢失，因此这时不必刻意追求低油、低盐。

每日笔记

体考期间营养注意事项

❶ 每天应累计至少60分钟中高强度身体活动。

❷ 增加户外活动时间。

❸ 减少静坐时间，特别是视屏的时间。

❹ 高强度运动期间，应注意营养的全面补充，特别是蛋白质及抗氧化营养素的补充。

假期五项健康饮食习惯

李医生

马上要放暑假了，我再给同学们强调一下假期中应该养成的五项健康饮食习惯。

饮食清淡，不油腻

吃得过于油腻会导致能量过剩，加重肠胃负担，引起体重增加，甚至导致肠胃疾病。

应选择脂肪含量低、能量低的食物，且不要过量食用。

肥肉、动物内脏等应适量少吃，鱼、虾、蚌、贝等水产品脂肪低而富含优质蛋白质，可以适量多吃一些。

适量为主，不过饱

注意控制食量，不要吃得过于饱胀。

假期不同于平时，饮食缺乏规律，要注意饮食适量，短时间内摄入太多食物、饮料等会引起胃肠功能失调。因此，在假期尾声，要适当控制食量，同时让饮食规律起来。

食物多样，不单调

要注重饮食合理搭配，选择谷类、肉类、蛋类、奶类、蔬菜、水果等多样化食物，多吃水果、蔬菜，少吃油炸、烧烤、腌制食物。

同类食物可以相互替换，避免食物品种单一。

清淡饮品，不喝酒

水是最好的饮料。根据《中国居民膳食指南（2022）》，6岁以上儿童日均饮水量建议在800~1400毫升，成年人在1500~1700毫升。

不要喝过凉的饮品，少喝或不喝含糖饮料。

儿童、青少年不能饮酒，成人如果饮酒也要限量哦！

以酒精量计算，

成年男性一天的最大饮酒量不超过15克，相当于高度白酒（52度）30毫升，一般白酒（38度）50毫升，葡萄酒150毫升，啤酒450毫升。

零食零吃，**不为主**

零食应以水果、坚果、奶类等为主，只宜零吃，不能代替正餐。炸薯片（条）等零食能量较多，应少吃或不吃。

太咸或腌制的食物、街头食品、膨化食品等都不宜作为零食。

糖果零食很容易将细菌和食物残渣黏在牙齿上，细菌会将食物分解产酸，使牙齿脱矿，进而产生龋齿。人体口腔有一定的修复功能，如果能在吃糖之后及时漱口、刷牙，牙齿表面失去的矿物质可以再矿化重新生成，但如果吃糖次数过多，牙齿反复受到酸性物质的侵蚀而来不及修复的话，则更容易产生龋齿。因此，如果要吃糖，尽量减少次数，因为"次数"是比"量"更加重要的因素。

此外，除了注意饮食外，还应经常活动，不能久坐。

每日笔记

假期保持好身体，五项注意需谨记

1 饮食清淡，不油腻。

2 适量为主，不过饱。

3 食物多样，不单调。

4 清淡饮品，不喝酒。

5 零食零吃，不为主。